湖南省教育厅科学研究项目“禅宗心理健康教育思想及其现代价值研究”（项目编号：17C0278）成果

禅宗心理健康
教育意蕴与当代价值研究

◎ 黎钰林　著

湖南师范大学出版社
·长沙·

图书在版编目（CIP）数据

禅宗心理健康教育意蕴与当代价值研究 / 黎钰林著. --长沙：湖南师范大学出版社，2024. 10. -- ISBN 978 -7 -5648 -5664 -9

Ⅰ. B849. 1

中国国家版本馆 CIP 数据核字第 2024ES5547 号

禅宗心理健康教育意蕴与当代价值研究

Chanzong Xinli Jiankang Jiaoyu Yiyun yu Dangdai Jiazhi Yanjiu

黎钰林 著

◇出 版 人：吴真文
◇责任编辑：孙雪姣
◇责任校对：谢兰梅
◇出版发行：湖南师范大学出版社
地址/长沙市岳麓区 邮编/410081
电话/0731 -88873071 88873070
网址/https：//press. hunnu. edu. cn
◇经销：新华书店
◇印刷：长沙印通印刷有限公司
◇开本：170 mm×230 mm 1/16
◇印张：12
◇字数：206 千字
◇版次：2024 年 10 月第 1 版
◇印次：2024 年 10 月第 1 次印刷
◇书号：ISBN 978 -7 -5648 -5664 -9
◇定价：58.00 元

序 言

心理健康问题，已是当下中国社会普遍关注的重要问题。健康包括身体健康与心理健康；健康是立身之本，全民健康是立国之基；提升国民（包括学生）心理健康素养，增进国民心理健康水平，是促进个体全面发展的重要内涵，是完善社会治理、确保社会和谐稳定与繁荣发展的重要手段。这些提法业已成为全社会的基本共识，并作为基本国策写入党和政府的工作报告与相关政策文件中，受到党和国家领导人的高度重视。

国民心理健康的促进，无疑是一项复杂而系统的工程。它需要国家、社会、家庭和个人的共同参与；需要我们不断理顺心理健康教育体制和机制，努力拓展心理健康教育的途径与资源，持之以恒地推进心理健康促进的理论建设，完善心理健康促进的方法与技术，等等。其中，心理健康教育的理论建设以及心理健康促进方法与技术的完善，显然是心理学工作者不可推卸的任务；而充分借鉴、批判吸收西方心理健康教育的先进成果，系统发掘中华民族传统文化中心理健康教育思想的优秀成分，扎实开展心理健康促进基础理论与应用技术研究，则为完善心理健康教育学科建设不可或缺的重要途径。

作为中华民族传统文化的重要构成，禅宗所阐发的心性修炼的智慧与方法，无疑是我们构建中国心理健康教育自主知识体系的重要思想源泉。作为中国化最为成功的佛教，它以印度佛教为内在实质，同时亦“顺应中国道家的气质和儒家的气象”；它以心性修炼为主题，以“明心见性”为核心追求，以开悟体验为最终目标。其所关注的主题与心理健康教育有着相当大的契合之处，其所阐发并在漫长的历史进程中获得传承的心性修炼的智慧与方法，定能在心理健康教育的知识躯体中找到合理存在的空间。正是基于这样的认识，当本书的作者——我的博士研究生黎钰林，在着手学位论文选题时，我建议她以禅宗心理健康思想的发掘、阐释作为博士论文研究方向，并就研究的目标、内容、方法与思路等与她进行了充分的讨论。2015 年，黎钰林来湖南师范大学进行为期一年的学术访问，我指导她进一步完成了重要文献的遴选、搜集、整理，以及相关的一些代表性的心理学家、标志性研究成果的厘定。经过 6 年的努力，形成了博士学位论文《禅宗心理健康教育意蕴与当代价值研究》，并获得外审专家和论文答辩委员会的一致好评。2023 年，她获得湖南省财政厅第二批高校改革发展资金支持，由此得以将前期研究成果进一步扩充、提升与完善，进而形成了即将付梓的这部学术专著——《禅宗心理健康教育意蕴与当代价值研究》。

黎钰林博士的这部著作，汇集了她十几年时间里在禅宗与心理健康教育领域的执着思考、探索所得，同时也吸纳了国内外众多专家的指导、建议。以笔者观之，这部著作拥有种种优秀的学术特质：第一，立意高远，视野开阔。全书秉持建构中国自主心理健康教育理论体系的学术追求，恪守“古为今用，洋为中用”的研究宗旨，努力寻求历史重建和理论建构的结合、学术研究和实践应用的兼容、客观描述与主观阐释的交融、外在逻辑与内在逻辑的统一以及历史评价和现实观照的并重，试图在系统阐释了禅宗心理健康教育意蕴的基础上，构建以人的全面发展为导向的心理健康教育理论体系，其所展现的学术意向与视域是较为高远而博大的。第二，资料翔实，方法得当。作者深知，正确的理论指导是历史合理重建的前提，历史的合理重建是理论有效建构的保障。因此，作者非常重视心理健康教育理论问题的研究，竭力让禅宗心理健康教育思想的发掘、阐释建立在合理的心理健康教育理论认识的基础上。同时，作者也非常了解第一手文献于思想史研究的价值，其所涉猎的文献较为全面、系统，涵盖古今中外，延伸到了哲学、教育学、宗教学、心理学史、心理健康教育等多个领域。由此可见，作者对禅宗心理健康教育的意蕴与当代价值的研究理论、方法、论据基础是较为坚实的。第三，内容丰富，成果创新。全书系统探析了禅宗思想的内涵、流变与精神特质，阐释了禅宗思想的心理健康教育意蕴，考察了禅宗心理健康教育思想对现代西方心理治疗疗法的影响，评析了禅宗心理健康教育思想的当代价值，并提出了以人的全面发展为导向的心理健康教育理论体系建设的基本构想。应该说，在国内心理学界对禅宗心理健康教育思想的研究中，像作者这样系统、全面的研究成果并不多见，其所展示的研究成果也不乏创新之处。

应该承认，黎钰林博士的这部著作并非毫无瑕疵，禅宗思想也绝非尽善尽美。但应该说，黎钰林博士的这些努力，一定会给当下仍相对贫瘠的心理健康教育理论园地添加新的值得关注的果实。笔者相信，在现代人类文明模式日益暴露出种种弊端的当下，禅宗所阐发的心性修炼的智慧与方法，将鼓励人们淡化甚至放弃以物质财富和生存竞争为中心的生活方式，转而追求更加理性、平和、积极且幸福的存在状态，进而解决人类面临的各种问题和矛盾，如环境破坏、社会不公、精神空虚、病态发展等。由此，禅宗心理健康教育意蕴的研究将进一步彰显出独特的现实意义。真诚地期待黎钰林博士这部著作的出版，能在心理健康教育理论建设与实践开展中发出其应有的光与热；期待着那些仍在孜孜不倦追求着生命幸福、社会和谐的人们，能从这部著作或从禅宗心性修炼的智慧中获得丰富且有益的启迪。

是为序。

彭运石

2024 年 9 月于长沙

前 言

在当代社会，随着物质生活的极大丰富，心理健康问题却日益成为困扰人类的核心议题。焦虑、抑郁、人际疏离等情绪困扰频发，人们愈发渴望在快速变迁的时代中找到内心的安宁与生命的价值。当西方心理学理论与技术遭遇文化适应性瓶颈时，东方禅宗智慧以其独特的生命观照方式，为现代心理健康教育提供了极具启发性的思想资源。

禅宗作为佛教中国化的璀璨结晶，历经千年积淀形成了独特的修心体系。其“明心见性”的顿悟法门，“平常心是道”的生活哲学，“不立文字”的直觉思维，以及“担水劈柴皆妙道”的实践智慧，构成了完整的心理健康教育范式。这种范式既不同于西方实证心理学的量化研究路径，也区别于传统宗教的救赎模式，而是通过破除二元对立、超越主客二分，实现个体心灵的自由解放。例如，禅宗的核心精神在于“明心见性”，这种思想与当代心理学中的“正念疗法”“认知行为疗法”等存在深刻的契合点。禅宗提倡的“活在当下”与心理学中的“正念减压”（MBSR）理念不谋而合，均主张通过专注当下体验，消解对过去或未来的执念，从而缓解焦虑。此外，禅宗的“无我”观与心理学中“自我接纳”的疗愈目标相呼应，鼓励个体放下对“完美自我”的执着，以更开放的心态面对生命的流动。

禅宗并非玄虚的理论体系，其核心方法如坐禅、公案参究、生活禅等，均具有可操作性和实践性。例如，“坐禅”通过调息与观照呼吸，帮助个体从纷扰的思绪中抽离，培养专注力与情绪调节能力，这与临床心理学中用于缓解焦虑的“呼吸训练”高度一致。再如禅宗的“不二法门”，主张超越是非对立的思维模式，为处理人际关系中的冲突提供了智慧视角，与社会心理学中的“非暴力沟通”理论形成互补。

现代社会的高速发展带来了效率至上的价值观，也催生了“工具理性”对人性的挤压。人们陷入对物质、成就的无限追逐中，逐渐疏离了内在的精神需求。这种“心灵失序”的困境，正如任正非所言，“熵增”的不可逆性导致个体与组织在无序中走向疲惫与停滞。而禅宗倡导的“平常心是道”，恰恰提供了一种对抗“熵增”的路径：通过简朴的生活态度与内在觉察，重新平衡生命能量的流动。这种文化反思，不仅呼应了儒家“修身以俟”的实践智慧，也为心理学从“疾病治疗”转向“生命教育”提供了哲学基础。

禅宗心理健康教育的终极目标，不仅是缓解个体的心理症状，更是引导人们回归“心灵的家园”——一种超越功利、充满觉知与慈悲的生命状态。正如辛东方在《心灵家园》中所言，心理疗愈的根源在于“扫除内心的枷锁，重获生命的真谛”。本书愿成为一座桥梁，连接古老的智慧与当代的需求，让禅宗的明灯照亮更多寻求心灵安宁者的前行之路。期望本书能成为沟通东西方心理健康教育的桥梁，为人类精神家园的重建贡献东方智慧。

黎钰林

2024 年 9 月于长沙

目 录

绪 论

2018年，习近平总书记在考察博鳌乐城国际医疗旅游先行区规划馆时指出："经济要发展，健康要上去，人们的获得感，幸福感，安全感都离不开健康。"习近平总书记强调，"人民健康是民族昌盛和国家富强的重要标志，这是民生问题，也是社会政治问题"，要完善国民健康政策，要把实施"健康中国战略"上升为国家战略，为人民群众提供全方位、全周期健康服务，旗帜鲜明地确立了新时代卫生和健康工作的根本立场。

国民的心理健康，特别是学生的心理健康问题，已经成为当今中国党和政府非常重视的问题之一。如何合理有效地开展这方面的工作，需要我们党和政府确立完善的心理健康教育体制和机制，需要家庭、社会、全民的积极努力，需要学校开设优秀的心理健康教育课程等。但更为重要的是我们得有一个完善的心理健康教育理论体系。关于心理健康教育理论体系，自弗洛伊德创立精神分析学派以来，心理疾病的治疗成为一个独立的科学的分支，心理健康教育取得了很多的成就，产生了众多流派，心理治疗的方法也多种多样。我国从心理治疗慢慢拓展到心理健康教育，这些年在理论建设和实践探索上也取得了丰硕的成果。但理论的不完善已成为理论工作者及实践工作者公认为当前需要迫切解决的一个问题。

禅宗作为一种心性修炼之学，与心理健康教育有高度的契合，而且它是一种生命的意义与境界之学，对于如何解决心理问题，如何探寻生命的意义，如何领悟人生的真谛，如何保持良好合理的心态，都提供了一整套完整的思想、方法与技术。发掘整理禅宗思想的心理健康教育意蕴，是我们弘扬中华优秀传统文化的重要构成，也是完善心理健康教育理论建设的重要途径。

一、文献综述

（一）禅宗思想中的心理健康教育意蕴

以往研究主要秉持基本问题论证法对禅宗思想中的心理健康教育意蕴进行探索。这种方法的逻辑是：如果禅宗思想中蕴含心理健康教育的理念，那么其中应该包含心理健康基本问题的论述，比如涉及心身健康关系、心理健康的标准、心理疾病的干预方法及心理健康教育的终极目的等内容的阐述。下面从心身健康关系、心理健康标准、心理治疗方法及理想人格四个角度介绍以往研究。

1. 关于心身健康关系

曾有学者指出，心身健康是一体的。安息国高僧安世高（后汉）所译的《佛说八大人觉经》指出，禅从身心境（根识尘）三缘合和的关系观察身心二病，提倡一种心身健康整体观，认为心理问题会引发生理上的失调，以致躯体出现各种疾病。因而禅的健康观更重视心理因素，要求我们但向己求，莫从他觅，自治其心。“觉知多欲为苦，生死疲劳，从贪欲起，少欲无为，身心自在。”黄玉顺关于禅对心身健康关系也有独特的见解，主要集中体现在五蕴缘起学说中，“五”指色、受、想、行、识；“蕴”指积聚之义；缘指一切条件。通常五蕴指一切精神现象（名）和物质现象（色），而在人则指心（名）与身（色）。心与身二者是不可分割的。① 谭素芬依据十二因缘中的缘起法则，认为根（生理）、识（心理）、尘（社会自然）三者同时具足，才能生起感知形成世界，任何一方出现问题，都

① 黄玉顺.“五蕴”与“十二因缘”之关系及其哲学意义［J］.国学论衡，2004（00）：189－207.

会使人生不圆满，产生各种心身疾病。禅宗讲的心身不二与西方平行的二元心身观不同，禅宗认为心与身是互相缘起的，互动的，相互依存的，一体不二的，“心身合之则双存，分之则两亡”。[①] 这种理念与现代健康心理学提倡的心身一体观非常契合。

2. 关于心理健康标准

已有的研究者对于禅宗中的心理健康标准做了诸多探索，大多数学者认为核心为“和谐”二字。如：金勇等认为心理健康的根本标准是关系与和谐。[②]

郭文斌和陈秋珠指出个体实现自我保健的四个必要条件——佛性本有、悟即菩提、内调心性及无所系念，即主要体现在四个方面：正确认识自我，强调自我顿悟，进行自我调节，学会自我解脱。[③] 陈光磊认为中国文化倡导的是一种整体健康观，既注重身心的和谐发展，也注重心理与外界环境的融合。[④] 邓云龙等提出了适合国人的心理健康标准“十六字诀”——“知己知彼，反应适当，悦纳进取，真实和谐”：“知己知彼，反应适当”是心理健康的“相”；“悦纳进取”是心理健康的“用”；“真实和谐”是心理健康的“体”。意思是个体通过对自我、他人和环境的正确认知，表现出适当的情感和行为反应；愉快地接受事物本来的面目，积极改变和超越；把握时机，恰当的行动，达到个人身心及人际关系的和谐。[⑤]

谭素芬提出了禅宗思想中的心理健康标准体系，指出知己知彼与禅宗

---

① 谭素芬．中国禅学的心理健康思想探析［D］．长沙：中南大学，2012：6.

② 金勇，郭力平．心理健康观的历史演进［J］．心理科学，1998（5）：465－467.

③ 郭文斌，陈秋珠．禅宗与自我心理保健［J］．渭南师专学报（社会科学版），2000（1）：56－58.

④ 陈光磊．论中国传统心理文化对心理健康的影响［J］．菏泽师范专科学校学报，2004（3）：64－68，79.

⑤ 邓云龙，戴吉．心理健康标准的中国文化解读尝试［J］．中国临床心理学杂志，2010，18（1）：125－126.

中的自性本觉思想一致，知己就是识心见性，知彼就是缘起性空。反应适当与自然精神、八正道及五戒十善思想有关，悦纳进取中的悦纳与不二法门及忍辱度有关，而进取则与精进度有关。真实和谐中之真实与本来面目及平常心即道有关，而和谐则与圆融精神及四摄六和敬思想有关。①

3. 关于心理治疗思想

已有的学者认为禅宗中包含了很多的心理治疗思想。张粹然认为禅宗心理治疗的基本功能即认识和超越自我，树立健康的自我心理意识。基本方针和目标是帮助有心理障碍的人，能够面对现实生活环境并尽力调控自我。② 吴言生及高颖认为禅宗心理健康思想主要集中体现在对治烦恼中，桶底脱落的顿悟与磨镜渐修的渐悟是解除心理疾病的两条路径。③④

施春华对禅宗本身如何发挥心理治疗作用，以及禅宗是如何被西方现代心理治疗所整合的这两个问题进行了探讨。⑤ 程志立和张其成指出禅宗牧牛图是通过觉知心理问题的主体功能，心理问题及其载体并加以消除来达到解脱目的，这也是一条解决心理问题的根本途径。⑥ 朱浩和朱蕾从人性假设观（自性清净）、治疗目标追求观（不二法门）与治疗的技术方法观（迷失与开悟、渐修与顿悟、师徒关系、坐禅与冥想）等三个方面挖掘了禅宗心理治疗的主题，指出禅宗思想中的“本性清净”、“超越执着的开悟观”以及禅修的各种方法融入心理治疗的可行性，这些思想能够帮助人们实现超越，以平常心生活。⑦ 熊韦锐和于璐指出禅宗心性学说中包含许

---

① 谭素芬. 中国禅学的心理健康思想探析 [D]. 长沙：中南大学，2012：8－13.

② 张粹然. 禅宗与心理治疗 [J]. 成都大学学报（社会科学版），2004（1）：88－89.

③ 吴言生. 禅的修行与受用 [J]. 法音，2007（4）：57－64.

④ 高颖. 原始佛教的心理思想 [J]. 宗教学研究，2007（1）：201－205.

⑤ 施春华. 略论中国禅宗与西方现代心理治疗的整合 [C] //二十年“心”之探索：高校心理健康教育理论与方法研究，2010（5）：169－172.

⑥ 程志立，张其成. 禅宗牧牛图对现代心理治疗技术的启示 [J]. 医学与哲学（人文社会医学版），2010，31（3）：46－48.

⑦ 朱浩，朱蕾. 略论禅与心理治疗相关的几个主题 [J]. 医学与哲学（人文社会医学版），2010，31（3）：44－45，48.

多心理治疗的思想。它的人性假设是人的当下自性是清净、空寂的；自心的执着导致人出现烦恼与苦难；破除我法二执是治疗方法的核心；明心见性与修心养性可为治疗的基本程序；禅定、正念、看话等就是治疗采用的具体技术。① 谭素芬从知、情、意三个角度阐释了禅宗思想中心理病理观。人类之所以要承受生老病死等八苦，根本原因在于认知与思维方式方面处于无明。“无明”就是不能理解缘起性空，产生种种分别心、执着心，迷失自己的清净本性从而深陷痛苦深渊。贪嗔痴是心理问题（或曰心理疾病）产生的原因。禅宗提倡的常乐我净的圆满境界与心理治疗所追求的终极目标真实和谐一致，禅宗中的随缘顺应的悦纳观和勤修不懈的进取观与心理治疗的途径观是一致的。② 魏吉槐等指出人的心理病理现象主要表现为“烦恼”；无明、住相及贪、嗔、痴三毒是心理问题的主要原因。禅的“五蕴模型”描述了人正常心理过程及其心理问题的产生。③

石文山从心理治疗的病理学依据、目标取向和基本方法等三方面探讨了般若思想的心理治疗意蕴，个体的无明妄执使其产生心理困扰，心理治疗的核心就是个体破除妄想执着，直面现实生活，承担起本有的责任。④ 孙娜娜在探讨性即自然的心性论思想与直觉顿悟方法的基础上挖掘其中的心理治疗思想，并在此基础上总结禅宗确立信仰、自我定位以及理论与实践相结合的心理治疗观。⑤ 刘波从“断除我执”的心理治疗思想探讨发现：五蕴所蕴含的心理治疗思想与《金刚经》中“应无所住而生其心”的教义本质是一致的。十二缘起的根源“无明缘行”，“行”即是一种习性反应。佛教经典《大念处经》（正念疗法的起源之经）中四念处的修行

---

① 熊韦锐，于璐．西方心理学对禅定的功效研究［J］．心理科学进展，2010，18（5）：849－856.

② 谭素芬．中国禅学的心理健康思想探析［D］．长沙：中南大学，2012：15－16.

③ 魏吉槐，唐秋萍，邓云龙．简析中国禅学中的心理病理观［J］．中国临床心理学杂志，2012，20（2）：282－284.

④ 石文山．佛教般若思想的心理治疗意蕴［J］．心理学探新，2013，33（3）：200－204.

⑤ 孙娜娜．禅宗的心理治疗观解析［J］．湘潮（下半月），2014（11）：46，62.

方法之一，就是对这种对习性反应的了了分明、精确感知及有意识的觉察。[①] 彭彦琴在《慈悲喜舍——慈心禅与心身健康》中指出慈心禅是用来开发爱和消除负性情绪的一种心理训练方法，慈心就是用慈、悲、喜、舍四维一体的心理状态来看待自己、他人乃至一切众生，以此处理各种负性情绪，即人生三大根本烦恼——贪婪、嗔恨、愚痴。[②] 李炳全等指出惠能思想包含丰富的积极心理学意蕴：自性即佛与积极心理品质、顿悟与积极认知、“三无”与积极人生态度、自性自度与积极自我，以及“人人即可成佛”与积极人生观。[③]

4. **关于理想健康人格**

梁海虹指出禅宗的人格理想可以概括为超越精神和自由境界两个方面，超越精神主要提炼于众生而成佛、烦恼而成菩提、无明而成智慧及不舍生死而入涅，自由境界则提炼于自在解脱和无用之用。[④] 陈兵指明，大药智者具足二十八种德性：勇猛、羞耻、谨慎、有徒众、有朋友、容忍、持戒、诚实、具足清净、无嗔、无慢、无嫉妒、精进、努力、友善、好施、爱语、谦逊、温和、不狡猾、不欺诈、具足智慧、有名望、具足学识、饶益部属、得众请求、多财富、有善名。具有这些德性，才是合格的佛教徒，或佛教所谓的“好人”“善人”。[⑤] 刘国清认为禅的理想健康状态在于涅槃。涅槃境界有四德：一是常，是指一悟则永悟，恒常不变；二是乐，是指离苦而安乐的；三是我，是指真实的自我，在精神世界里是自由

---

① 刘波．佛教与人本主义关于“自我”的心理治疗思想探析［D］．长春：吉林大学，2015：1.

② 彭彦琴．慈悲喜舍：慈心禅与心身健康［J］．南京师大学报（社会科学版），2018（3）：120－129.

③ 李炳全，杨慧，张旭东．六祖惠能的积极心理学思想蕴涵［J］．心理学探新，2020，40（1）：14－17.

④ 梁海虹．对禅宗“终极解脱”的心理学分析［J］．西北大学学报（哲学社会科学版），2005，35（3）：64－68.

⑤ 陈兵．佛教心理学［M］．高雄：佛光出版社，2007：4.

自在，毫无拘束的；四是净，是指清静空无的。① 谭素芬认为禅的理想健康状态是就是自利利他的慈悲精神，不仅要自我解脱还要帮助他人获得解脱，不仅此时没有烦恼折磨，还要达到随时随地对任何事物都不喜不乐、平静如水的自在状态。她指出理想人格的两个特征：自利利他的人格范式和高扬个性的人格核心。自利利他指在社会生活中力修布施、持戒、安忍、精进、禅定和般若等六法度，伏断烦恼，利乐众生；高扬个性指禅宗强调“如人饮水，冷暖自知”，尊重人的个性，彰显人的个性。② 李欣指出，佛学把禅的理想人格分为四种类型：声闻型、缘觉型、菩萨型和佛陀型。此四种类型的人是断灭烦恼我执、超出生死的圣者。③ 吴建云指出，禅宗主张人格是通过知见与外缘的共业，二者合力作用形成。知见指知识和体验，在意识为知，在眼识为见。禅要求我们先要树立正见，照见诸法无我的智慧和离一切我相的清净心；禅不仅重视人格的自力，同时强调外缘环境对人格的影响，强调依止善知识修。④

（二）禅宗思想对心理治疗流派思想的影响

20 世纪初叶，禅宗在美国、欧洲的传播扩展到了哲学、艺术、心理学等多个领域。付仁勇指出在西方心理学界，禅的理念与观点对西方心理学理论与实践产生了广泛影响。⑤ 譬如，禅宗超越式体悟为人性终极层面的心理学研究及理论构建提供指导。翟向阳与魏玉龙指出禅宗精神实质是顿悟与超越。顿悟是一种非逻辑直觉思维方法，超越可以调整人的价值观，

---

① 刘国清．道家、儒家、佛家“健康观”的现代心理学意义［J］．新闻爱好者，2010（22）：160－161．

② 谭素芬．中国禅学的心理健康思想探析［D］．长沙：中南大学，2012：20－21．

③ 李欣．禅宗人格结构探析、测量及其与主观幸福感的相关研究［D］．苏州：苏州大学，2011：1－79．

④ 吴建云．浅谈佛教心理学说中的理想人格构建［J］．北京电力高等专科学校学报（社会科学版），2010，27（7）：177．

⑤ 付仁勇．禅与人本主义心理学［D］．昆明：云南师范大学，2013．

提高人的精神境界，是净化社会与人生的必由之路。① 这种顿悟和超越的特性为西方非主流心理学超越实证主义心理学局限提供了现实可能性。

1. 禅宗思想与精神分析心理治疗学派思想的对比

20 世纪初叶，精神分析心理治疗流派代表人物弗洛伊德、荣格、弗洛姆相继沿袭经典精神分析、分析心理学、人本精神分析的路径对人的精神进行探索性思考。研究者发现，禅宗思想与精神分析学派的思想在目标（顿悟成佛与无意识向意识的转变）及目标实施途径（开悟与潜意识透视）等理论层面以及具体实践层面（修行和治疗方式）存在共通之处。

首先，禅宗与精神分析关于自我的研究。薛伟在《禅修与精神分析的自我探寻》一文中围绕“自我”的内涵及其相关心理障碍的实质指出，禅修与精神分析均认为“自我”感并不是与生俱来的，而是每一瞬间都重新建构的心理呈现物；不同点在于精神分析治疗的首要目标是要建立结构，建立自体与客体的恒定性，而禅修的目的在于破除我执，所以一个恒定和整合的自我是破除我执的重要前提，其适用于正常人和神经症患者。② 麦劲恒、范向阳考察了不同精神分析心理学发展阶段自我研究的演变，指出弗洛伊德试图在潜意识中找到心灵的菩提树——性本能，并将其看作消除心理障碍的关键。相比之下，荣格的思想更接近“空”与“无我”，而弗洛姆更把禅宗“泰然自在”思想融入精神分析治疗中。③ 郑小璐在《精神分析与佛学自我观的比较研究》一文中指出社会习俗观念的潜意识内容被压抑，精神分析的目标在于解除抑制作用，释放潜意识的能量。禅宗真实自我是“自性”。“自性”是宇宙本体、万物之源，修行目标就在于明心见性。④

---

① 翟向阳，魏玉龙．禅修的心理学分析与中医养生［J］．中医养生，2012，27（8）：961－963.

② 薛伟．禅修与精神分析的自我探寻［J］．上海精神医学，2004（5）：309－310.

③ 麦劲恒，范向阳．禅宗思想在心理治疗中的应用研究进展［J］．遵义师范学院学报，2012，14（6）：70－73.

④ 郑小璐．精神分析与佛学自我观的比较研究［D］．合肥：安徽大学，2014：1－57.

其次，“顿悟见性”与精神分析的比较。张天布指出，精神分析治疗中的阻抗状态与禅宗的驻相状态都是阻碍“顿悟”的不利因素，而要破除这些因素，治疗师应对防御、驻相、反移情有正确的理解，进行意象对话，借鉴禅宗公案式的隐喻克服言语表达的局限性，从而唤起患者体验。张天布进一步研究发现，将参话头技术结合到动力学心理治疗中，能帮患者有效达到领悟。参话头能够使人直接体验自己的感受状态，从而达到领悟，减少语言所产生的阻抗的目的。①

陆敬闪指出，禅宗强调自性自度，使弟子脱离对禅师的依赖而开悟，这与精神分析帮助患者摆脱对分析师的依赖，在内省中获得自由有很大的一致。② 安容瑾认为，两者虽然均强调内省，但开悟方法不同，精神分析着重对患者过去进行分析，而禅宗则着重于当下感受和体验。两者可以在治疗当中起到互补的作用。③ 李慧从开悟方法的角度将慧能和神秀的偈子与精神分析的相关思想进行对比分析，指出弗洛伊德“认识你自己”的净心方法与神秀的“时时勤拂拭”的静心方法存相似之处。弗洛伊德要求患者进入潜意识中，清除从出生以来积淀在潜意识中的“尘埃”。其心理治疗是一个漫长过程，要求治疗师和患者要有耐心，不断地分析、沟通、体验，逐渐地从根本上改变患者思维模式，把潜意识的想象和冲突拉出进行精神分析退化，从而达到心灵的净化，与神秀的渐悟相似。④ 王欣指出，弗洛姆的精神分析与禅宗的目标一致，达到目标的途径一致，禅的修行与精神分析的实践也有共通之处。他认为，弗洛姆心理分析的目标在于康乐的呈现。“康乐”的本质体现了禅宗“悟”的本意；禅的“悟”即是“康乐境界的实际体现”。就目标实现途径而言，精神分析通过“潜意识的透

---

① 张天布．驻相与阻抗：精神分析学心理治疗与禅宗参悟的异曲同工［J］．中国心理卫生杂志，2005（7）：495－500.

② 陆敬闪．禅宗思想对心理治疗的启示［D］．南京：河海大学，2007：1－54.

③ 安容瑾．禅宗思想与现代西方心理治疗流派关系解析［J］．甘肃高师学报，2008，13（6）：129－132.

④ 李慧．论禅宗心性论：从心理治疗角度探析［D］．郑州：郑州大学，2011：1－45.

视”，禅宗则是通过“开悟”来呈现这种泰然或康乐境界。禅宗与心理分析的具体实践存三点相通之处：首先，禅宗与心理分析的共同要素是“它们坚持摆脱一切权威”，强调人的“自救”；其次，禅宗的“教学”方法与心理分析师的治疗方法类似；最后，要实现禅宗和心理分析的目标，都需具备伦理基础。①吕昂在对比分析弗洛伊德、弗洛姆与佛教、禅宗之后，指出精神分析与禅宗的相似处可概括为对于智慧的崇拜，超理性的思维，人本主义的关怀，以伦理为基础的超越伦理，逼入死角的思维方式。② 郑小璐也指出顿悟和抑制解除的类似之处在于，抑制的解除释放潜意识中固着的能量，将潜意识纳入意识的范围，而顿悟打破原先的自我界限，两者都是无明转明的过程。③ 何为芳对禅宗与精神分析的理论与实践进行全面比较之后，指出中国的“禅宗”主要以特定的修行方式来追求明心见性之“开悟”，西方的“精神分析”主要以某些治疗方式实现人之“无意识向意识转变”，两者皆是通过彰显人的真实本性使人获得幸福安宁之心理状态的思想和实践，而且它们在关于“自性”与“无意识”的概念理解、“悟”与“无意识转变”之心理状态的描述、达到“悟”和“转变”的实践方法等方面极具相似之处。④

2. 禅宗思想与人本主义心理治疗流派思想的对比

20 世纪 50 年代，人本主义心理学流派开始出现。马斯洛、罗杰斯、罗洛梅及布根塔尔等人虽然没有正式研究东方禅宗思想，但是对自我实现的强调、对意识的挖掘与提升，都飘散着一种东方的气息。⑤ 人本主义的

---

① 王欣．弗洛姆精神分析学与禅佛教思想的会通［C］//Proceedings of Conference on Psychology and Social Harmony（CPSH2012）：166－170.

② 吕昂．谁的精神分析与谁的禅宗：关于弗洛伊德到弗洛姆与佛教到禅宗的对比分析［J］．鄂州大学学报，2013，20（1）：12－15.

③ 郑小璐．精神分析与佛学自我观的比较研究［D］．合肥：安徽大学，2014：1－57.

④ 何为芳．“悟”与“意识转变”：禅宗与精神分析思想与实践的比较探析［J］．湖北社会科学，2018（10）：89－93.

⑤ 车文博．人本主义心理学价值观论评［J］．苏州大学学报（教育科学版），2013，1（1）：15－27.

另一个支派，“超个人心理学”代表人物肯 - 威尔伯（Ken Willbur）、瓦维克 - 福克斯（Warwick Fox）等更主张将东方禅修与冥想思想整合到其意识研究中。可见，对禅宗思想与人本主义心理学流派的思想进行对比分析非常有必要。目前，人本主义学派心理学思想主要体现在马斯洛的自我实现心理学、罗杰斯的人格自我心理学、罗洛梅和布根塔尔的人本心理学。研究者发现，禅宗思想与人本主义学派的思想在目标（顿悟成佛与自我实现）及目标实施途径（开悟与非指导性原则）等理论层面以及具体实践层面（修行和治疗方式）存在共通之处。

首先，禅宗思想与马斯洛自我实现心理学思想的对比。这些研究基于某些重点概念在不同层面上进行对比探讨，如“高峰体验”与“开悟”、“自我实现”与“无法无我”、“平常心”与“满足论”等。陆敬闪比较了禅宗开悟的境界与马斯洛所说的高峰体验，指出高峰体验的“这种单纯、混沌而又神秘的心理境界”也是禅宗所看重的，在人的自我实现中，成为他该成为的自己。这种人人都可以做到的自我实现与禅宗的“佛性平等”和“即心即佛”的思想不谋而合。① 安容瑾更是将马斯洛的自我实现区分为健康型自我实现和超越型自我实现，并指出超越型自我实现与禅宗“无法无我”的涅槃境界存相通之处。② 付仁勇在陆敬闪和安容瑾的基础上，除了对比禅宗的“顿悟”与马斯洛的“高峰体验”在内容、状态以及人的主体价值意义上的相似之处，还指出“高峰体验”在人一生中出现的频次、在出现主体的广泛性以及诱发的原因上，与“顿悟”有较大区别；此外，还指出了虽然禅宗开悟与马斯洛自我实现都描述了人们所希望达到的某个理想状态，但是两者提出的时代文化背景存在差异。③ 朱浩更多地从理想人格的角度区分马斯洛的人本主义心理学思想与禅宗心理思想，指出

① 陆敬闪．禅宗思想对心理治疗的启示［D］．南京：河海大学，2007：1 - 54.

② 安容瑾．禅宗思想与现代西方心理治疗流派关系解析［J］．甘肃高师学报，2008，13(6)：129 - 132.

③ 付仁勇．禅与人本主义心理学［D］．昆明：云南师范大学，2013：1 - 87.

两者有三点不同：首先，马斯洛的理想人格特征是基于实证主义的方法，在大量的数据资料的基础上归纳总结出来的，与禅宗依靠文献辨析构建理想人格相比具有更明显现实特征；其次，马斯洛理想人格为感性体验和理性体验的结合，而禅宗理想人格仅为一种感性体验；最后，马斯洛理想人格更具有功利性，主张将自我价值内化于职业中，包含在自我价值中。① 朱浩更是直接比较了人本主义心理治疗中的“自我实现”与禅宗的“无我之境”的相通、相异之处：相通之处在于强调个体心理发展中自性的作用，指出好的心理治疗就是能帮人发现自己的本性并沿着其内在本质所指引的轨道发展；相异之处在于禅宗强调超越自我，而达到一种忘掉个人的无我状态。② 刘波以自我为核心，从理论和疗法两个层面，将断除我执与自我实现思想进行探讨和对比，概括为三点：第一，人本主义心理学中的自我与佛教中主要由想蕴构成的“假我”本质上是一致的；第二，马斯洛的“高峰体验”与佛教涅槃（达至真我）的境界相似，两者都以追求解脱痛苦，获得圆满健康的完美人生境界为目标；第三，二者实现目标的手段不同，人本主义心理学追求人的自我实现，而佛教则推崇破除我执，认识“无我”的道路。③ 此外，阮氏桃将禅宗思想与马斯洛的需要层次理论作了系统比较，指出二者有一定共通点。譬如，禅的精髓是“满足”，它与马斯洛的满足理论能在很大程度上契合，禅师泰然自若吻合了人对安全感的需求，尊重与爱的需要与佛教的慈悲是相互融通的，自我实现与禅悟虽然在彻底性上有一定的差别，但两者的目标是一样的。④ 李慧对人本主义疗法与禅宗心性论进行对比分析，指出平常心与马斯洛的满足论是相通

① 朱浩．禅宗与人本主义心理治疗理论理想人格之比较［J］．校园心理，2009，7（6）：409－410．

② 朱浩．“自我实现”与“无我之境”：人本主义心理治疗与禅宗自我观之比较［J］．宿州学院学报，2011（4）：34－36，101．

③ 刘波．佛教与人本主义关于“自我”的心理治疗思想探析［D］．长春：吉林大学，2015：14－23．

④ 阮氏桃．禅宗与现代心理疗法［D］．武汉：华中师范大学，2007：1－72．

的，保持平常心就可以促进各种需要的满足。①

其次，禅宗思想与罗杰斯人格自我心理学思想的关联。赵静指出，禅宗与罗杰斯人格自我思想的对比研究也是一种探索解读禅宗思想的心理学范式。② 譬如，王求是、刘建新以《坛经》和《成为一个人》为样本，以禅宗四论及心理四论为解读和比较框架，得出结论：罗杰斯的心理治疗思想和禅宗的心性之学的相通处在于不思善恶、本性自现。③ 后续研究者往往从某一个局部的思想进行对比。譬如阮氏桃指出，罗杰斯提出的“非指导性”治疗与禅宗的教育方式很相似，前者强调患者应充分相信自己有解决困境的潜力，后者强调“本自清净”和“自性自度”。④ 安容瑾认为罗杰斯遵循“非指导性原则”与禅师帮助参禅人开悟的过程相似：均不直言相告。前者支持来访者自由地探索自我，促进个人的成长；后者强调依靠个体自身的力量来重新感悟生命的真理，认知宇宙人生的奥秘。⑤ 李慧对人本主义疗法与禅宗心性论进行对比分析，也指出“佛性平等”与罗杰斯的人本疗法都是以尊重个体为前提，创造一个充满信任、温馨的环境，使修行者或患者感觉“日日是好日”，用一种积极向上的心态面对生活和精神压力，相信自己是解决问题的关键。⑥ 付仁勇对比了禅宗思想和罗杰斯人本主义心理学的人性观、修行方法、终极目的，进一步指出人性观上禅宗所说人性就是“佛性”，即是人心底的智慧和善良，而人本主义所说人性是每个人都具有自我实现、自我支配与超越自我的本性。修行方法上禅宗通过参公案教育弟子佛法、引导启发弟子开悟。罗杰斯更强调在咨询过

---

① 李慧．论禅宗心性论：从心理治疗角度探析［D］．郑州：郑州大学，2011：1－45.

② 赵静．佛教心理与罗杰斯的心理治疗思想比较［J］．宜春学院学报，2014，36（10）：10－15.

③ 王求是，刘建新．不思善恶，本性自现：禅宗的心性思想与罗杰斯的心理治疗理论之比较［J］．宗教学研究，2007（3）：117－121.

④ 阮氏桃．禅宗与现代心理疗法［D］．武汉：华中师范大学，2007：1－72.

⑤ 安容瑾．禅宗思想与现代西方心理治疗流派关系解析［J］．甘肃高师学报，2008，13（6）：129－132.

⑥ 李慧．论禅宗心性论：从心理治疗角度探析［D］．郑州：郑州大学，2011：1－45.

程中，来访者对主观体验的自我解读，通过角色扮演、话语重复、经历回顾等方式，启发引导来访者更深入思量自身问题。① 赵静从自我实现与人人成佛、假我与虚假自我、自性与真实自我等范畴对比了罗杰斯的心理治疗思想与佛教思想，指出禅宗的语言是返归本心、明心见性，而用罗杰斯的语言则是接纳真实经验、寻找真实自我。佛教要走向超越，必然要经过一个建立真实自我的阶段。这种自我的建立与佛教的无我并不矛盾，而是一体两面。②

最后，禅宗思想与罗洛梅和布根塔尔的人本心理学思想的关联。付仁勇从人的主体性、人的存在方式以及存在方式之间的关系的角度对比了禅宗与罗洛梅的人本主义心理学。首先，禅宗高度强调人的主体性，主张人的生命的自由。罗洛梅也认为人应当不受任何权威的束缚，能进行自由选择，来确定自身价值与未来。其次，禅宗强调“活在当下、修行在当下”，而罗洛梅也认为人的存在就是“在那里”，就是当下一瞬间的时空定位。③ 付仁勇在《禅与人本主义心理学》一文中从人存在的理想境界对比了禅宗和布根塔尔的人本心理学，指出布根塔尔用“本真”描述人存在的理想状态，认为“本真”是人类意识的潜在本性。“不本真”与“本真”并非非此即彼的关系，而是认识过程的不同阶段。人们成长与实现自我价值的过程，便是认清自身的“不本真”而一步步达到“本真”的过程。禅宗中的“尘埃”（“贪”“嗔”“痴”）类似生命中的各种“不本真”，禅宗告诉我们烦恼和智慧并无不同，禅宗的修行只是要我们念念不愚，这又与布根塔尔所谓统一“本真”与“不本真”相似。④

3. 禅宗思想与其他心理治疗学派思想的对比

除了精神分析心理治疗及人本主义心理治疗与禅宗存在相通之处，认

---

① 付仁勇．禅与人本主义心理学［D］．昆明：云南师范大学，2013：1－87.

② 赵静．佛教心理与罗杰斯的心理治疗思想比较［J］．宜春学院学报，2014，36（10）：10－15.

③ 付仁勇．禅与人本主义心理学［D］．昆明：云南师范大学，2013：1－87.

④ 付仁勇．禅与人本主义心理学［D］．昆明：云南师范大学，2013：1－87.

知疗法、森田疗法以及正念疗法等也与禅宗思想存在关联。已有研究发现，禅宗思想与认知学派的思想在致病机理（迷失与患病）等理论层面以及具体实践层面（修行和治疗方式）存在共通之处。

阮氏桃指出森田疗法的顺应自然就是让患者承认自己的症状，接受自己本来的状态。这种治疗方法与禅的“平常心”相似。“平常心”就是“要眠则眠，要坐则坐，热则取凉，寒则向火”，它具有协调精神状态的功能。① 陆敬闪指出森田疗法与禅宗思想两者在心理治疗的本质上是一致的，但在起源上有区别。在针对具体的人群和治疗目的上也存在一些差异。森田疗法主要针对神经质患者，以恢复正常的心理机能，提高社会适应能力为目标。而禅宗思想并不局限于某一类人群，其根本目的在于个体彻底的觉悟与解脱，达到一种至善的境界。② 李慧指出森田疗法是一种能有效地解决神经质患者心理障碍的治疗方法，与禅宗心性论的目的一样，都是追求个人和谐、家庭和谐、社会和谐。③ 毕秀芹对比了禅宗与森田疗法，认为森田疗法依托于禅宗，但与禅宗修行的目的有本质区别；森田疗法与禅宗的关联主要体现在“顺应本心”“参话头”“守一不移”等观念上。换言之，森田疗法从根本上源于道家之自然，而这恰好与禅宗的形成中吸收了道家理念的事实一脉相承。④

何雪娜、何克对比禅宗与认知疗法后发现，“认知疗法”强调，一个人的非适应性或非功能性心理与行为受不正确的认知的影响。在面对不正确的认知时，禅师常用禅机来进行调节，禅宗认为人性本清净，因为妄念驱动，覆盖了人的真如本性，只要消除妄念，便可达到“明心见性”的效果。⑤ 陆敬闪将“明心见性”与认知疗法进行对比分析发现，认知疗法应

---

① 阮氏桃．禅宗与现代心理疗法［D］．武汉：华中师范大学，2007：1－72.

② 陆敬闪．禅宗思想对心理治疗的启示［D］．南京：河海大学，2007：1－54.

③ 李慧．论禅宗心性论：从心理治疗角度探析［D］．郑州：郑州大学，2011：1－45.

④ 毕秀芹．森田疗法理论渊源探究［J］．医学与哲学，2020，41（4）：46－48，52.

⑤ 何雪娜，何克．当代贵州少数民族大学生恋爱心理的跨文化研究［J］．贵州师范大学学报（自然科学版），2008（2）：59－62.

该是从“明心见性”思想中得到了一些启发：第一，坚持为患者获取关键性技巧、有效适应应激，让患者在自我管理和应对消极思想方面达到自治；第二，重视认知在重构过程中的积极作用，在认识自己的心理问题时，采用否定之否定的方法，破除妄想，真正做到心中有数，明心见性；第三，自我超越，在追求自身精神解脱的过程中，要有一种打破砂锅问到底的坚持。① 阮氏桃和安容瑾相继研究指出，认知疗法强调的负性自动思维与功能失调性假设造成了个体的情绪障碍，与禅宗所说的“妄念”都是错误的认知方式。禅使用“悟”“自性自度”的方法来改变人的妄念，认知疗法则采用固定格式来调节人的认知。②③ 李慧对比了认知疗法与明心见性发现，认知疗法是破除失真的认知，明心见性的前提是要求人们去除妄念，认知的失真与妄念的产生都是思维方式处于异常状态。认知疗法解决的办法是显示问题、分析问题、得出旨要。禅修到达明心见性时也是如此。④ 麦劲恒、范向阳指出人对事物的反应取决于他先前构建的认知模式，而这些认知模式有好与坏之分，与禅宗相类似。⑤

（三）禅宗思想的当代心理健康教育价值

禅宗思想在当代心理健康教育的价值不但体现在促进中国本土心理疗法的构建，也体现在对心理健康教育目标、内容、方法及途径的启发上。吴欣、李洋等指出，目前在禅宗思想的熏陶下构建出的本土心理治疗理论主要包括悟践疗法（Wujian Psychotherapy）、认识领悟疗法（Cognitive Insight）以及道家认知疗法（Taoistic Cognitive Psychotherapy）。⑥ 悟践疗法

---

① 陆敬闪．禅宗思想对心理治疗的启示［D］．南京：河海大学，2007：1 - 54.

② 阮氏桃．禅宗与现代心理疗法［D］．武汉：华中师范大学，2007：1 - 72.

③ 安容瑾．禅宗思想与现代西方心理治疗流派关系解析［J］．甘肃高师学报，2008，13（6）：129 - 132.

④ 李慧．论禅宗心性论：从心理治疗角度探析［D］．郑州：郑州大学，2011：1 - 45.

⑤ 麦劲恒，范向阳．禅宗思想在心理治疗中的应用研究进展［J］．遵义师范学院学报，2012，14（6）：70 - 73.

⑥ 吴欣，李洋，王福顺．传统文化疗法对中国本土化心理治疗的启示［J］．文化学刊，2016（1）：85 - 89.

（Wujian Psychotherapy）在整体（个人、自然与社会）健康模式的指导下实施，以“天人合一”的观点看待人性。① 认识领悟疗法（Cognitive Insight）的创始人钟有彬认为，心理治疗的目的是消除患者病症，病症消除须患者主观努力，信任治疗师，领悟治疗师的解释。② 道家认知疗法（Taoistic Cognitive Psychotherapy）强调顺应人的内在本然之性，重视个性的发展。治疗师的目标就是帮助来访者卸下他们的虚假自我（即禅说的我执），达到心理健康的最高境界（涅槃寂静）。③

也有一些研究者从心理健康教育的内容、方法及途径的角度探讨了禅宗的影响作用。胡秀红采用访谈法了解大学生对禅宗教育心理思想当代价值认知，进而从增加教育心理学的哲学内容、为教师提供教育方向以及禅宗与心理健康三个角度归纳出禅宗教育心理思想的现代意义。④ 胡秀红指出，可以在禅宗的知情义、注意力培养、情绪管理及课堂留白增加教育心理学的哲学内容；在教师教育层次、创造性思维的培养、新型师生关系及追求身心和谐等角度为教师提供了教育方向；在正确认知困难、促进自我实现、完善自我及心理环境等角度为心理健康提供启发。⑤ 谭素芬采用文献综述法，在大量阅读佛教著作、禅学经典以及心理学书籍的基础上，探讨了禅宗思想为当代心理健康教育提供的一些启示。她指出，禅宗心身不二的养生观启发现代人要修身养性，避免不健康的生活工作方式引发颈椎病、腰椎病和胃病等现代心身疾病；禅宗烦恼即菩提的挫折观启发现代人要正确认识困难，学会处逆如顺，乐观坦然地面对挫折；禅宗能所俱泯的心理保健观启发现代人要注意日常的心理保健，保持平常心；禅宗的涅槃之乐的苦乐观启发现代人通过体验现实的苦难，修行养性，最终达到终极

---

① 胡佩诚．心理治疗［M］．北京：人民卫生出版社，2013：91．

② 孙娜娜．禅宗的心理治疗观解析［J］．湘潮（下半月），2014，62（11）：49，62．

③ 彭彦琴，江波，杨宪敏．无我：佛教中自我观的心理学分析［J］．心理学报，2011，43（2）：213－220．

④ 胡秀红．禅宗教育心理思想特色及其现代意义［D］．贵阳：贵州师范大学，2009：1－55．

⑤ 胡秀红．禅宗教育心理思想特色及其现代意义［D］．贵阳：贵州师范大学，2009：1－55．

的真实、绝对的快乐；禅宗的自觉觉他的慈悲观启发现代人可以通过加强道德修养来维护自己的心理健康，维持和谐的人际关系；禅宗的不昧因果的健康因果观启发现代人要了解目前自己健康状况的因果关系，才能找到心理疾病出现的原因和出路；禅宗的随缘任运的因缘观启发现代人要以出世的心态来超然处世，凡事积极争取，又超然面对成败得失；禅宗的无生无灭生死观启发现代中老年人不要恐老畏死。①

也有研究者指出禅修对于心理治疗师个体的觉悟、心身健康有重要作用。庄艳对上海地区心理治疗师职业耗竭的干预研究表明，有职业耗竭的心理治疗师在接受系统的禅修之后其个人成就感得到了显著的提高，并对他们的生活方式、人生观、价值观与人性观产生了一定程度的影响。② 吕艳敏指出，禅宗思想中"找回自己的本来面目"和去"我执"等思想，与心理咨询师需具备自我察觉能力、真诚、独立性和同感理解等基本要素是互相关联的。③ 麦劲恒和范向阳认为，心理治疗师在心理治疗过程中，个体的心理健康程度会直接影响患者的康复，心理治疗师在禅修中得到一定程度的觉悟，能进一步引导患者觉悟。④ 王卫平等从哲学层面论述了禅宗对现代人的心理调适及其作用机制，指出禅宗追求自我精神解脱的核心内涵为心理调适提供理论依据，具体体现在破除偶像、抛开经典、自身求佛的自我意识为健康心理提供积极的主体基础；微妙的法统传承和法门修行中表现出来的空灵境界为心理提供和谐精神内涵；"自觉觉他，自度度人"过程中表现出来的涅槃妙心能培养主体人际关系道德情操；任运自然、不修而修中表现出来的自由精神提供主体内心文化参照。同时，王卫平等还指出禅宗对现代人的心理调适的作用，具体体现在禅宗为内心和谐

---

① 谭素芬. 中国禅学的心理健康思想探析 [D]. 长沙：中南大学，2012：28－34.

② 庄艳. 禅修对心理咨询师职业耗竭的干预研究 [D]. 上海：华东师范大学，2008：1－96.

③ 吕艳敏. 禅修与心理咨询师的个人成长 [D]. 武汉：华中师范大学，2006：1－28.

④ 麦劲恒，范向阳. 禅宗思想在心理治疗中的应用研究进展 [J]. 遵义师范学院学报，2012，14 (6)：70－73.

提供摆脱痛苦的智慧；禅宗为内心和谐提供心理宣泄途径；禅宗为自我与社会和谐提供缓解人际矛盾桥梁；禅宗对提高现代人文化素质和人生境界具有巨大作用。① 禅宗对心理调适起启发作用时应注意三个问题：其一，关注禅宗的主体意识的自我修炼与健全人格塑造的社会客观性；其二，关注禅宗的顿悟和超越精神与正确认知良好心智来源的实践性；其三，关注禅宗超越对立的思维方式与健康心理的唯物辩证法的方法指导性。

陈春国指出禅宗对现代心理健康的影响主要体现在两个方面：其一，有利于提高人的道德品质，促进自我人格发展和维护社会和谐；其二，通过因果、善恶及平等的人生观而影响人的心理健康。② 当代宗教研究学者方立天先生曾说："佛教讲究因果，要多种善因，少做或不做恶事，给自身和社会带来善果，鼓励人心向上，向善。从根本上说是有利于个人道德操守、社会秩序稳定以及人与自然关系的和谐。"③ 李炳全等根据六祖偈语中的心学思想归纳出对现代人心理健康观念的启发：第一，善恶行为都是人心使然，培养人或教育人应以塑心为主；第二，人的心理与行为问题其实是心出了问题，要从人心入手进行心理治疗和行为矫正；第三，修心的实质是发现和培养人内在的积极心理品质；第四，重视自我培养、自我治疗的作用；第五，教育和管理上应注重对自身潜能的发现和挖掘。总之，禅宗对心理健康教育的当代影响不仅体现在完整中国化的心理治疗疗法构建，也体现在某一个侧面思想的指引。④

（四）以往研究存在的不足

从上述文献研究可以看出，禅宗蕴藏着相当丰富的健康心理学思想，

---

① 王卫平，郑立羽，许丽英．禅宗文化对现代人的心理调试及其作用的哲学思考［J］．福建医科大学学报（社会科学版），2014，15（3）：14－17.

② 陈春国．佛教禅宗对维护心理健康的价值［D］．武汉：华中师范大学，2014：1－45.

③ 方立天．心从"正见"始：佛教正见与世界和谐［J］．佛学研究，2006（00）：76－81.

④ 李炳全，叶枝青，张旭东．六祖惠能的偈语中的心学思想探究［J］．心理学探新，2018，38（4）：297－301.

无论是西方现代心理学领域，还是我国当代心理学界，都有众多学者曾将或正将目光投向禅宗思想，或从中获得启发或从中吸取养分，以深化对现代人心理健康的理解，扩展现代心理学的视界。然而，也应该看到，尽管有如此众多的关注、考察、探究和研究，对禅宗中有关心理学思想，尤其是涉及心理健康教育相关的思想阐发仍然相当不够。具体而言，主要表现在以下四个方面：

1. 对禅宗的心理健康思想缺乏系统性的梳理

目前，禅宗思想对健康心理学的影响主要表现为碎片化的渗入，而非整体性的侵入，其中最为显见的是一些技术性的借用和吸纳，如正念、冥想等。例如，卡巴金的正念减压疗法，就是一种起源于西方，广泛应用于心理健康领域的心理治疗技术，但这种技术与中国禅宗却有着极为深刻的内在关系。除了实践操作的方式外，二者在理念上都强调“制心一处”，“念念不住”，都关注“体验而非思维”，都强调自然、平常心、温柔。

现代西方主流的心理健康思想强调“自我”在个体维护和促进心理健康中的核心作用。精神分析一脉中，除了弗洛伊德执着于挖掘深潜于意识之下的“本我”力量之外，无论是新精神分析中的埃里克森、弗洛姆、沙利文和霍妮，还是新精神分析的克莱因等都把个体“自我”的发展置于健康心理学的核心地位。例如，埃里克森的毕生发展观将自我的发展划分为8个阶段，并认为每个阶段都有其核心的发展任务，能否顺利完成这些阶段性任务将决定个体能否健康成长。弗洛姆将个体的发展过程看成一个自我逐渐从环境中独立出来的过程。① 克莱因的理论强调客体对个体自我的影响。② 人本主义心理学大师罗杰斯用理想自我和现实自我的差异来解释

① 艾里希·弗洛姆．逃避自由［M］．刘林海，译．上海：上海译文出版社，2015：18．

② 梅兰妮·克莱因．梅兰妮·克莱因的七堂精神分析课［M］．冀晖，译．北京：北京理工大学出版社，2020：3．

心理问题的起源，而马斯洛更是将自我实现的人作为心理健康者的最高典范。① 总之，西方主流心理健康思想往往将自我的发展作为理解心理健康的关键，而禅宗则认为，人的一切问题恰恰在于过于执着于自我，要想回归平静，就要超越自我，破除“我执”。这种基本观点上的分野，使禅宗思想很难作为一种独立的心理健康思想体系进入主流健康心理学领域。

事实上，禅宗思想中蕴含着一套系统的心理健康思想。它首先有着一套完整的人性观。禅宗的心性论就是它的人性观。禅宗相信，人的本心就是真心，心理健康、没有痛苦的存在就是本心的存在。其次，也有其独特的病因观。根据禅宗，人的本心是健康澄明的，之所以会痛苦（心理疾病），是因为本心迷失于贪欲心、怒心和愚痴心等“三毒”。② 为了帮助众生解除痛苦，禅宗提出了一系列修行的方法，如冥想静坐、坐禅等，以提高人的境界，从而杜绝“三毒”的侵害。在禅宗的思想里，禅的境界就是心理健康的理想境界，也是修行的终极目标。这一整套思想，对于身处物欲横流的现代人来说具有重要的解毒功能，但禅宗在现代的主流健康心理学思想中却并无一个独立的身份。

2. 本土化研究视角的遗漏

现代主流心理健康的思想主要起源于西方文化，而西方文化的生活方式和精神内核与中国文化有着非常大的差异，然而现有心理健康领域针对禅宗思想的阐发仅仅只是满足于在西方心理健康思想的框架下做一些锦上添花的补充。这对于揭示中国文化背景下中国人的心理健康内涵显然是不够的。简单来说，中华文明在相当漫长的历史中都属于一种相对封闭保守的农耕文明，由此形成的文化心理结构更倾向于内向被动，相比之下，西方文明更多的是一种开放性的海洋文明，由此形成的文化心理结构更倾向

---

① 亚伯拉罕·马斯洛．马斯洛的人本哲学［M］．刘烨，编译．呼伦贝尔：内蒙古文化出版社，2008：18．

② 陈春国．佛教禅宗对维护心理健康的价值［D］．武汉：华中师范大学，2014：1－45．

于外向积极。相对应的，西方文化下的心理健康思想也比较强调表达自我、张扬个性，在面临问题时，更强调积极应对，勇敢面对，是一种比较强调对抗的生活态度。例如，在精神分析中，强调把那些被压抑被遮蔽的内心冲突找出来，直面它，以达成顿悟和宣泄的效果。在认知—行为的暴露疗法中，强调越是感到恐惧或焦虑的事物，越是要勇敢面对，而回避是一种非适应性的应对方式，只会使问题恶化。存在主义心理治疗强调责任的重要性，个体虽然是被抛入这个世界的，但个体是自由的，人在生活中遇到的任何问题都是自己选择的结果，要解决问题，唯有直面问题，承担起责任来。这些主流的心理健康思想是西方文化的产物，充分地反映了西方现代社会人在生活中的困惑和痛苦。但对于成长于中国文化中在人格上相对内向和被动的中国人来说，这种完全源于西方文化的心理健康思想真的完全适用吗？

“世所公认，禅是中国的产物。佛教传入中国经历了许多变迁后，终于出现了以六祖慧能创始的南宗顿教，以后日益发展丰富。”① 禅宗不同于世界上任何佛教，在成型过程中与中国文化有着极为深刻的交流和融合。可以认为，禅宗思想是一种极具特色的中国智慧，并从各个方面深刻地影响着中国人的文化心理结构。在信仰方面，禅宗打破了祖先崇拜和鬼神崇拜对中国人信仰的垄断，所谓求神拜佛成了中国人精神信仰的双重支柱；在文学艺术方面，禅味或禅机成了中国文学（如诗）和艺术（如画和书法）评论的重要视角，所谓“诗中有禅，禅中有诗”即是此意；在人格方面，中国的士人阶层追求内心的清、幽、静，追求自然适意和生活的解脱，也都受禅的影响；在思想方面，宋代以降的儒家理学就是以禅宗的开发自性为源头的，朱熹、王阳明等都从禅宗思想获取了灵感；其他如中国人重顿悟直觉而非逻辑推理，推崇静坐修行、呼吸吐纳等也都与禅宗不无关系。正如荣格所说，文化沉淀的是人格，禅宗作为一种文化为理解中国

---

① 李泽厚. 中国古代思想史论［M］. 北京：生活·读书·新知三联书店，2008.

人的人格形成和发展提供了一种非常有用的视角。令人遗憾的是，到目前为止，学者们对禅宗心理健康思想的本土化研究还远远不够，所有的相关研究都是在西方主流心理健康思想框架下进行的。

3. 现实观照上存在不足

进步和发展是现代社会高扬的价值观，在这一价值观的指引下，现代人的欲望被极大地激发出来。在今天，社会内部的和谐完善不再是人们努力的方向和行为标准，取而代之的是整个社会经济水平的发展程度，它影响着人们的行为甚至决定着人们的幸福感。生活在这样一种社会形态的标准之下，人们为了生存不得不将自己置身于无止境的工作之中，以此来提升自己的物质价值，而忽视了精神世界，久而久之，人们就会在这种生存状态中感受到一种生存的压力。① 在我国，近 30 年的高速发展，让每一个置身其中的人感受到前所未有的美好前景，人人都相信明天会更好，只要拼命往前冲就能够让自我得到充分满足，这极大地刺激了自我的欲望。而这也正是现代人普遍感到焦虑，难以平静的根本原因。禅宗思想是现代生活的一支解毒剂，它深刻地洞察到贪、嗔、痴是人生一切痛苦的根源，认为只要守住本心、破除我执就能回归宁静，所谓“不是风动，不是幡动，仁者心动”。这恰好与现代主流价值把人的自我实现作为人生最高目标，把成功和丰富变成每个人的追求相反。

但以往关于禅宗思想的阐发很少从这一现实观照出发，而更多的是将禅宗思想作为一种深奥的学问进行研究，如笔者在收集文献的过程中，研究最多的是有关禅与美学、禅与茶道的关系。其实，禅宗之所以能成为影响深远、最持久的佛教思想，并非因其格调高雅，而在于其对人生的启迪。也就是说，禅宗是一种生活智慧，不仅为人们所必须面临的生、老、病、死提供了一种精神支持，而且为人们提供了一种如何与复杂的世界相

① 卢伟伟. 席勒的“完整人”对“现代人”的救赎［J］. 美与时代（下），2021（1）：40－44.

处，如何与自己和谐相处的人生智慧。在这个物欲横流、极易迷失的现代社会中，与自我相处又尤其重要，从心理健康教育的角度系统地开发禅宗的人生智慧将有助于弥补禅宗在现实观照上的不足。

4. 禅宗心理健康思想的理论和实践价值未得到应有的彰显

如前所述，禅宗思想中蕴藏着丰富的心理健康思想，这些思想中既含有跨地域的世界文化，又含有起源于中国的独有文化，理应成为接通中国文化和现代西方健康心理学的桥梁，形成具有独特内涵且富有中国特色的本土心理健康理论系统，以指导中国文化背景下的心理健康教育实践。但以往研究并未有意识地以禅宗思想为基础去打造这一思想体系，使其理论和实践价值难以彰显。

在现有的健康心理学体系中，我国使用的心理健康诊断体系《精神疾病诊断与分类标准》，仍然是起源于西方精神病学的《精神疾病诊断与统计手册》（DSM）系统和《国际疾病分类》（ICD）系统，在涉及文化特异性的相关部分，也仅仅是做了诊断名称上的增补，并未真正涉及文化内涵。而禅宗的"境界说"在某个意义上也是对个体心理健康层次的划分，以此为基础构建出一套中国文化下的心理健康诊断系统实有必要，但由于缺乏对禅宗心理健康思想的系统研究，这一工作是阙如的。此外，禅宗也给人们提供了一套完全不同于西方主流健康心理学的心理健康观，以及一系列完整极具可操作性的维护心理健康的方法和手段，但这些除了散见于各种研究之中，并未成体系。这就使得禅宗的心理健康思想既无法在现代健康心理学的理论领域里占有一席之地，又无法在心理健康实践领域发挥重要作用。

二、研究方案与研究意义

（一）研究方案

1. 研究目标

本书通过对禅宗思想的基本内容加以考察，以此为基础系统地考察禅宗思想中的心理健康教育意蕴，探讨西方健康心理学两大取向（“行为疗法”和“认知疗法”）对禅宗思想的吸收和超越，评析了禅宗思想心理健康教育的贡献与不足，提出以全面发展为导向的心理健康教育观，旨在构建新时代全新的心理健康教育体系，最终指导心理健康教育的改革。

2. 研究内容

本书拟分为四个部分来阐述禅宗思想与心理健康教育之间的关系：

其一，分析佛教禅宗、心理健康的由来与发展，界定它们的概念与特征，厘清禅宗与心理健康教育的关联，分析禅宗心理健康教育思想的当代价值，提出本研究需要解决的问题。

其二，探讨禅宗思想的流变和精神特质以及禅宗思想中蕴含的心理健康教育思想。

其三，从行为疗法（正念疗法、森田疗法及放松静默疗法）和认知疗法（认知疗法、精神分析疗法及人本主义疗法）的角度探讨禅宗思想对心理治疗的影响。

其四，评析禅宗心理健康教育思想的当代价值与局限，构建全面发展为导向的心理健康教育观，推进全面发展为导向的心理健康教育观的改革，深化本研究的主题。

3. 研究方法

文献研究法：查阅与收集中西方研究禅宗与心理健康的相关文献资料，对禅宗与心理健康教育结合的发展历程与应用进行具体分析。

分析比较法：在文献研究的基础上，对禅宗与各种心理治疗疗法进行比较，总结其特点，为心理咨询、心理治疗及人的心理健康发展提供可借鉴的经验。

案例分析法：运用案例分析法，对佛教禅宗思想运用到心理健康教育方面有更深刻的体验与感悟，不是空洞的理论说教，是切切实实行之有效的方法。

理论思辨法：主要是通过分析及综合资料，进行研究扩展以及在正文中运用自己的想法构建出适合新时代的以全面发展为导向的心理健康教育观。

4. 创新之处

（1）研究视角的创新

本书立足于马克思关于人的“全面发展”理论，以构建人的“全面发展心理健康观”为目标，来剖析禅宗思想与心理健康教育之间的关系，拓宽了已有的研究视域，这属于研究视角创新。

（2）研究思路的创新

本书认为，西方健康心理学思想大体可以分为两大取向：行为取向和认知取向。这两大取向差别反映在对心理问题解决的基本思路上：行为取向的心理治疗强调以行为的改变为出发点，最终完成对个体整个心理健康的实现，包括正念疗法、森田疗法、放松静默疗法等；认知取向的心理治疗强调以改变人们的认知为切入点，通过改变个体的信念和思维，以达到改变行为及整个心身状态的目标，包括认知疗法、精神分析疗法、人本主义疗法等。我们将前者称为行为疗法，后者称为认知疗法。本研究分类剖析“行为疗法”和“认知疗法”对禅宗思想的吸收和超越，为进一步构建全新人类心理健康的干预理路提供新的范式。这属于研究思路创新。

（3）研究观点的创新

本书认为，禅宗思想中蕴含着一套系统的心理健康教育思想，通过系统分析这一思想内涵，建构禅宗的心理健康观、病因论、实现论和治疗论这一具有中国文化特色的健康心理学理论观点，并在此基础上创建出适合新时代的以全面发展为导向的心理健康教育观，指导新时代心理健康教育改革。这属于研究观点创新。

（二）研究意义

1. 理论意义

第一，系统研究禅宗的心理健康教育思想为我国的心理健康领域提供了一种本土化的理论。禅宗思想是印度佛教传入中国后融合儒、道两家思想形成的极具中国特色的中国智慧。作为一种精神解脱之道，禅宗思想具有非凡的心理治疗价值，因此对禅宗思想的发掘具有很高的理论价值。① 现代健康心理学思想都是在西方文化下建构起来的，虽然我国学者在将这些思想引进之后，或多或少进行了中国化的解读，但是否完全适用于中国文化背景下的心理结构，尚未可知。② 本研究通过对禅宗健康心理学的系统考察，建构一套中国文化框架下的健康心理学思想，在一定程度上弥补了我国相关领域本土化思想的缺失。

第二，研究禅宗思想与心理健康教育的关系有助于丰富和完善心理健康教育的理论。禅宗与现代心理治疗的对比研究一方面使传统心理健康教育手段得到了进一步改善和提高，为传统心理健康教育开辟了新的研究道路和研究方向；另一方面，也使得禅宗思想对人的心理和行为的影响成为心理健康教育的研究对象，可以拓宽心理健康教育的研究领域，赋予新时期心理健康教育的内容全新内涵。

2. 实践意义

第一，研究禅宗与心理健康教育的关系既避免禅宗过度追求精神超越带给人们生理和心理的危害，又可以为检测西方的心理治疗方法在中国人群的适应度上提供实践依据。

第二，研究禅宗与心理健康教育的关系可以有效发掘禅宗思想对心理健康和人格培养的有利因素，使高深禅宗智慧适用于提高人们心理健康水平，改善生活，提升生命品质。

第三，研究禅宗与心理健康教育的关系，有利于使人们重新认识东西方心理健康形成机制及干预过程，不断改善自己的心理健康状况。

---

① 陆敬闪．禅宗思想对心理治疗的启示［D］．南京：河海大学，2007：1－54.

② 叶浩生．文化模式及其对心理与行为的影响［J］．心理科学，2004（5）：1032－1036.

第一章
禅宗的思想源流和精神特质

第一节　印度佛教的缘起理论及其终极目的

佛教大小乘各部派、各宗派教义以生老病死诸苦之解决为中心，其中包含了对生老病死之源的追寻、对人生整体的评价、解决生老病死问题的修证方法等，这些内容被佛学归纳为释迦牟尼最初悟道时所说的“四圣谛”，即苦谛（世间是苦果）、集谛（业与烦恼是苦的根源）、灭谛（解脱与证果）、道谛（离苦的道路）。① “四圣谛”理论的展开，有“十二因缘”理论，乃至大乘佛教的“八不缘起”“阿赖耶缘起”等理论，构成佛教缘起理论多层次、多角度的复杂系统，是小乘佛教追求解脱和大乘佛教追求觉悟的理论基石。

一、小乘佛教的四谛缘起理论、十二缘起理论及其终极目的

印度小乘佛教主要有两个阶段，一是原始佛教阶段，一是部派佛教阶

① 李建伟，王立娜，王英．佛教与心理治疗的融合：佛教的禅修方法在心理治疗中的运用[J]．医学与哲学（人文社会医学版），2015，36（11）：31 - 34.

段，其核心理论都是四谛缘起、十二缘起理论。四谛缘起理论，分为杂染缘起与清净缘起的两重缘起，苦谛、集谛是杂染缘起理论，灭谛、道谛是清净缘起理论，苦、集、灭、道四谛理论构成舍杂染缘起而取清净缘起的整体。四谛缘起理论的主要内容是，生命的过程充满了痛苦（苦谛），痛苦的原因在于无明、烦恼及相应的行为（集谛），生命的目的在于离苦得乐（灭谛），离苦得乐的途径在于通过修行获得智慧并且断除无明、烦恼及相应的行为（道谛）。十二缘起理论是四谛理论的展开，又作十二有支、十二因缘，有顺观和逆观两种思路，同样构成杂染缘起和清净缘起的两重缘起：（1）顺观十二因缘为杂染缘起，即从现实人生的生老病死等痛苦而追溯其因缘；（2）逆观十二因缘为清净缘起，即从断除无明、爱、取（惑缘）开始，经过断除行、有（业因），到断除生老病死（苦果）的终点。①

四谛缘起理论和十二缘起理论，都立足于对于个人内心的观察，要破除内心的无明、烦恼，而获得内心的清净智慧，从而斩断生死轮回，进入自由解脱的智慧境界。内心的无明、烦恼是缘，相应的善恶行为是因，因缘和合而造成的生死轮回之痛苦是果，因、缘、果构成的杂染缘起；以人我空智慧斩断无明烦恼是缘，斩断相应的善恶行为是因，进入自由解脱的智慧境界是果，这是清净缘起。② 在佛教看来，杂染缘起中的无明、烦恼虽然是缘，但是相对于善恶行为之因更为重要；清净缘起中的智慧、慈悲虽然是缘，但是相对于清净行为之因更为重要。这都体现了缘起理论所指向的方向：主要是从内在的心理去解决痛苦和获得快乐，而不是注重外在的行为。

相对于大乘佛教而言，四谛缘起理论和十二缘起理论所界定的无明烦恼局限在个体生命的实体执及相应的负面心理，而没有涉及构成个体生命的因素的实体执乃至一切事物的实体执及相应的负面心理，即只能破除人

① 丁小平．佛教道德的双重维度［J］．伦理学研究，2019（4）：67－74.
② 丁小平，张怀承．观心显性：佛教道德的本体开显［J］．船山学刊，2019（1）：72－79.

我执，而不能破除法我执，所以只能斩断贪嗔痴等烦恼而得到清净解脱心（小乘的清净涅槃），而不能转化贪嗔痴等烦恼而为慈悲、精进、智慧等圆满觉悟心（大乘的圆满觉悟）；这一任务，到了大乘佛教才得以完成。① 易言之，小乘佛教纯粹是基于出世思想的立场：看世界，是一个痛苦烦恼的世界；看人生，是一个悲观罪恶的人生。因此要求出离世间，要求解脱人生。② 其最终的目的，是脱离这个世界生死的轮回，永远安住在绝对自由解脱的智慧境界之中。小乘佛学在理论上面临的诸多问题，在大乘佛教理论中都得到了解决。

二、大乘佛教的八不缘起理论与阿赖耶缘起理论及其终极目的

大乘佛教区别于小乘佛教的核心，在于不仅要断除个体生命的实体执（人我执），而且要断除构成个体生命的因素的实体执乃至一切事物的实体执（法我执），不仅要解决自身的自由解脱的问题，而且要破除自他与主客、生死与涅槃等一切的二元对立。大乘佛教破除人我执和法我执（二我执）所对应的终极追求，就是不再像小乘佛教那样要追求斩断生死轮回而进入清净涅槃，而是主张清净涅槃就是生死轮回的本性。因此，没有一个离开生死轮回而独存的自由解脱的智慧境界可得，真正的涅槃是无住涅槃，就是在无始无终的生死轮回中，内心时刻与真如本性（清净涅槃）相应，而永不停息地无我（二种无我）利他（普度众生），帮助一切众生破除二种我执，不仅实现小乘佛教离苦得乐的目的，而且最终能实现大乘佛教圆满觉悟的目的。值得注意的是，在大乘佛教这里，清净涅槃（真如本性）与生死轮回是体用不二的关系，既不是二合为一的相同（不一），也不是一分为二的相异（不异），类似于马克思主义哲学所说的运动与物质

---

① 丁小平．佛教道德的双重维度［J］．伦理学研究，2019（4）：67－74.

② 霍树云．论禅定与精神分析［D］．太原：山西大学，2011：1－60.

这一组范畴之间的关系。简言之，大乘佛教所追求的，不仅是因为实现了个体生命的无我、无私（人无我），而获得自由解脱的智慧境界（无余涅槃），而且是因为实现了全体事物的无我、无私（法无我），而获得圆满觉悟、永远奉献的智慧境界（无住涅槃），是无我与利他、无私与奉献完全统一的，有着理想、崇高、伟大、光明的品质。而这一切的追求，其理论基石仍然是缘起理论，即大乘佛教的缘起理论，分为两种，一是大乘空宗（中观宗）的“八不缘起”理论，一是有宗（唯识宗）的“阿赖耶缘起”理论。

“八不缘起”理论主要是从破除一切事物的生灭、断常、一异、来去的实体性（性空），从而成立一切事物的生灭、断常、一异、来去的缘起性（缘起），即没有实体性的生灭、断常、一异、来去（性空），所以有缘起性的生灭、断常、一异、来去（缘起）；构成性空缘起、缘起性空的整体。佛教以“性空”论否定实体性本体，即是以“缘起”肯定功能本体，“性空缘起”二者，可谓遮表同时地共同构成非实体而功能的理论，①终归是破除实体本体，而成立缘起现象的理论。简言之，“八不缘起”侧重在破除实体执，即破即立，不仅破除人我执，而且破除法我执，所获得的不仅是人空智，而且有法空智。②

“阿赖耶缘起”由阿赖耶识种子生起诸杂染品法现行，诸杂染品法现行又熏习阿赖耶识种子，如此，诸杂染品法与阿赖耶识种子彼此互为因缘，构成现行生种子、种子生现行、现行生种子而无始无终的生死轮回。现行诸杂染品法分为烦恼杂染、业杂染、生杂染三类，对应的种子熏习分为我执熏习、有支熏习、名言熏习三类，与小乘佛教十二因缘的惑、业、苦三类互为因缘类似，而构成三世因果的辗转相续。阿赖耶缘起理论贯彻了大乘佛教不二中道的精神，主要是从成立一切现实事物（现行）熏习阿

① 丁小平，张怀承．观心显性：佛教道德的本体开显［J］．船山学刊，2019（1）：72－79.
② 丁小平．佛教道德的双重维度［J］．伦理学研究，2019（4）：67－74.

赖耶识而有潜能（种子），潜能遇合各种增上缘而产生一切现实事物（现行），即现行—种子—现行，彼此互为因缘的缘起性（缘起），从而破除一切现实事物的实体性（性空）。与诸杂染品法与阿赖耶识种子互为因缘的缘起理论相对应，唯识宗还有诸清净品法与阿陀那识（阿赖耶识的别名）种子互为因缘的缘起理论，这也就是唯识宗的“转依”理论。“转依理论”的关键在于破除二种我执，获得二种智慧，又以二种智慧为依据，而净化一切的身口意业行使之成为诸清净品法，以此熏习阿陀那识而产生清净种子，如此不断损减阿陀那识杂染种子，不断增长阿陀那识清净种子，最终至于圆满，产生相应的现行诸清净品法，就是圆满觉悟、永远奉献的智慧境界。① 其破除我执的步骤有二，一是破除离识独存之外境的实体性（唯识无境），叫方便唯识，二是破除缘起内心的实体性（识亦非真），最终走向外境与内心所构成的一切事物的性空，同样是不仅破除人我执，而且破除法我执，所获得的不仅是人空智，而且有法空智。具体言之，在唯识学中，阿赖耶识即是一切万法的整体，即“万法唯识”，将一切万法统摄为心识，从而否定离识独存之外境的实体性，称为“方便唯识”；② 之后进一步否定缘起心识的实体性，即“识亦非真”，称为“正观唯识”，如此外境和内心都归结为空性、真如，到这里就与般若中观学的毕竟空殊途而同归，都可谓以空性真如为无体之体，以缘起为有用之用。③

三、印度大小乘佛教缘起理论所展开的心理层次

与四谛缘起、十二因缘缘起理论相对应，小乘佛教的修行实践主要在前六识层面展开，通过意识的思维训练（正观），例如四念处等观法，而逐步破除对色受想行识五蕴所构成的个体生命之实体执，最终引发产生无

---

① 丁小平，张怀承. 观心显性：佛教道德的本体开显［J］. 船山学刊，2019（1）：72－79.

② 刘宣廷. 对阿赖耶识的哲学性统观：以《成唯识论》为主［J］. 南宁：广西大学，2015：1－55.

③ 丁小平，张怀承. 观心显性：佛教道德的本体开显［J］. 船山学刊，2019（1）：72－79.

漏智慧即获得人空智。人空智是意识的净化，即意识对于个体生命的实体性执着，以及相应的贪嗔痴等烦恼，都被人我空智慧断除；而与人空智相对应的贪嗔痴等烦恼永尽无余的清净心，就是涅槃心，死后安住在此清净心，即是进入无余涅槃。

与“八不缘起”理论相对应，大乘佛教空宗的修行实践也是在前六识层面展开，通过意识的思维训练（正观），例如体空观，从而破除对于构成个体生命的色受想行识五蕴乃至十八界本身的实体执，这也就是破除法我执，获得法空智。法空智是意识的转化，是对于构成个体生命的因素（五蕴、十二入、十八界）乃至一切事物的实体性执着，转化为法我空智慧及平等、慈悲、精进、三昧等无量清净心理功能，并且以此法空智和清净心理功能，永远不停地帮助一切众生离苦得乐乃至圆满觉悟，这就是无住涅槃。

大乘有宗与大乘空宗在终极追求上是一致的，其不同的就在于八识理论。大乘有宗是通过意识的思维训练（正观）进行修行实践，不仅要破除意识层面的二种我执，还要破除末那识层面的二种我执，不仅要破除分别我执，还要破除俱生我执，使得末那识不执着阿赖耶识的见分为内在自我、不执着阿赖耶识的相分为外在实法。破除意识层面的二种我执，即转意识为妙观察智；破除末那识层面的二种我执，即转末那识为平等性智。①在此基础上，经过漫长的修行，再最终转阿赖耶识为大圆镜智，转前五识为成所作智。如此，转八识为四智，并且转前四蕴以及无量的心所法而得清净心品，最终成就大乘佛教的圆满觉悟和无住涅槃。

① 朱佳囡．大乘佛教与小乘佛教舞蹈之比较［D］．西安：陕西师范大学，2016：1－58.

第二节　禅宗的思想渊源及其流变

禅宗是佛教中国化进程所形成的宗派之一。自两汉时期以来，佛教自西方传入中国之后，受到了黄老之学的影响，结合老庄思想进行了创造性的诠释。至魏晋时期，佛教又与玄学融合，为南北朝的风流雅士所推崇。在整个佛教融入中国的过程之中，佛教与本土文化相互碰撞，最终佛教逐步吸收了本土化的思想文化而融入中国社会。皮朝纲等认为，凡是一种外来文化要在异国他乡生根发芽，就必须被该国的社会文化思想界所接受，而该国的人们在接受外来文化的过程之中，又会先入为主地以传统思想去理解和改造它，从而使外来文化染上浓厚的传统思想的色彩。① 禅宗自被印度菩提达摩祖师引入中国，落地生根发芽，在不断被中国本土化的同时也在塑造着中国的文化传统。

禅宗起源于“佛祖拈花，迦叶微笑”，拈花、微笑指的是无言的教导、领悟，对应着禅宗所追求的智慧的不可言传和不可意会的特质，即“言语道断，心行处灭”，或“不可思议”；所象征的又是禅宗在教学方法上的“无门为法门”的特质，超出一切具体的修行方法，借助细微动作或一言点拨，而当下顿悟。禅宗号称“教外别传”，实际上是“教内真传”。佛教的整体包含教、理、行、果四个方面，大乘佛教八宗之中，三论宗、唯识宗、天台宗、华严宗侧重在教、理的辨析，律宗、净土宗、密宗侧重在行，禅宗侧重在果。也就是说，禅宗侧重讲最后面的证果，不太讲教、

---

① 皮朝纲，刘方．百年美学：现代与中国传统［J］．西南民族大学学报（人文社科版），2000（2）：43－48．

理、行的部分，所以称为“教外别传”。[①] 但是，果是无法离开教、理、行而独存的，是教、理、行三部分所必然之结果，教、理、行与果是辩证统一的一个整体，彼此不可割裂，所以称为“教内真传”。

一、禅宗的契理性：空宗破执与有宗显性的统一

禅的最终目标是开悟体验，铃木博士在他的讲演及其他著作中，对此已尽可能作了详细的说明。禅宗“明心见性”的核心追求，在印度大乘佛教空宗、有宗经典中可谓老生常谈，并非禅宗的独创。“明心见性”包含两个方面，一是“明心”，一是“见性”。所谓“明心”，是见到心识的缘起性，即依他起性；所谓“见性”，是见到心识的无实体性、空性，即圆成实性。“明心”侧重继承大乘有宗的精神，“见性”侧重继承大乘空宗的精神。

禅宗的“自性”不是中观宗所破斥的常、一、自在的实体自性，而是即遮即表的无性之性。《心经》云：“是诸法空相，不生不灭，不垢不净，不增不减。”（《大正藏》第 8 册，第 848 页）

龙树《中论》开篇又曰：“不生亦不灭，不常亦不断，不一亦不异，不来亦不出。”（《大正藏》第 30 册，第 1 页）《大品般若经》卷十二说：“是一法性是亦无性，是无性即是性，是性不起不灭。如是，须菩提！菩萨摩诃萨若知诸法一性，所谓无性，无起无作，则远离一切碍相。”（《大正藏》第 8 册，第 262 页）即遮破常、一、自在的实体自性所开显的无性之性，是为“法性”，也正是禅宗所说的“心性”“佛性”。唯识宗经典《摄大乘论》卷二中以三自性理论贯通一切大乘经典的时候，有偈颂说：“幻等说于生，说无计所执，若说四清净，是为圆成实，自性与离垢，清净道所缘，一切清净法，皆四相所摄。”（《大正藏》第 31 册，第 140 页）

① 吴建云．浅谈佛教心理学说中的理想人格构建［J］．北京电力高等专科学校学报（社会科学版），2010，27（7）：177.

结合长行文可知，大乘经典中描述依他起性时，用的是幻术、阳焰、梦境、镜像、光影、谷响、水月、变化等譬喻，例如经典中经常出现的“缘起如幻”“色如聚沫，受如浮泡，想如野马，行如芭蕉，识为幻法”等，即是如此。描述圆成实性时，则用的是“清净”一词，又可分为自性清净、离垢清净、得此道清净、生此境清净四种。其中，“自性清净谓真如、空、实际、无相、胜义、法界”，就是指的真如等体性。《成唯识论》卷二在批判分别论者的“心性本净”理论的时候，说：“然契经所说心性净者，说心空理所显真如，真如是心真实性故；或说心体非烦恼故，名性本净，非有漏心，性是无漏，故名本净。”（《大正藏》第 31 册，第 8 页）从两个层次来说，一是从依他起性的层次说，心体阿赖耶识不是染污的，所说的是“心体”本净，这是世俗谛层次；二是从圆成实性的层次说，心性真如非净非染，远离一切二法，说名本净，这是胜义谛层次的说法。禅宗的“明心见性”，正是对实体自性的遮破和对缘起现象的开显的统一，是圆成实性和依他起性的统一，是大乘空宗和大乘有宗核心义理的统一。

“明心见性”即在认知观念的层面上，通过动作、言语点拨、机锋、棒喝、公案和参话头和正念等禅法让学人达到思维方式的转变、认知的转变，心态调整过来，心理问题自然化解。① “明心见性”是缘起性空、性空缘起的不二中道之整体，是体用不二、空有不二的整体。实际上，明心与见性是一个事情的两个方面，唯有明心才能见佛性本自具足，而所谓见性者是明了自心本来是佛。②

总之，从思想理论的特质上来看，禅宗是纯正印度佛教的延续，即以印度佛教为内在实质，而在传播形式上则契合了中国文化背景。

---

① 谭素芬．中国禅学的心理健康思想探析［D］．长沙：中南大学，2012：20－21.

② 左欣．《坛经》的实修思想研究［D］．保定：河北大学，2011：1－40.

二、禅宗的契机性：顺应中国道家的气质和儒家的气象

从隋唐开始，儒道佛形成“三教合一”的文化潮流。但融合是有限的，在行为规范、思维方式乃至禅定训练等基础的层面多有融合，而在思想内容、核心特质、终极追求等高级的层面保持着自身的特色。禅宗传入中国之后，顺应道家隐逸、自然的气质，在生活方式、传教方法、人格特征、精神风貌上，与道家非常相似。同时，禅宗又顺应儒家重视道德、积极入世的大乘气象，在在家修行、普度众生方面，与儒家非常相似。

佛教传入中国之后，由于传统儒家、道教已经占领相关的文化阵地，其内容和精神往往结合了儒、道二家文化，而以新的形式散见于中国高僧的著作之中。这类佛经和著作中所包含的生活智慧，主要是遵循缘起因果的理论，以优良心态为主因，以道德行为为助缘，产生自利利他的结果。戒定慧三学，即用戒律来控制身体、语言行为，达到止恶行善的目的；用禅定来协调心理行为，使内心专注、平衡、正直、宁静，以便进行深度的思维观察；用智慧来达到最终的目的。禅宗在定学方面，近似于道家；在戒学方面，则近似于儒家。至于慧学，则是佛教的不共之学，也是禅宗的不共之学。总之，从宗教传播的表面形式上看，禅宗是中国化最为成功的佛教，是中国化了的佛教。

第三节　禅宗的修行方法及智慧特征

一、随方解缚而言下见性

禅宗侧重证果，极少讲教、理、行的方面，所以可以说是“无门为法门”，即超越一切具体的修行方法，而单刀直入，指点心性，而使学人能

直接明心见性，这也可以概括为“随方解缚”的方法。“随方解缚”，指根据学人具体的执着，而以直接的言语点拨或怪异的言行刺激，痛下针砭，使学人能当下破除执着，直接明心见性。直接的言语点拨主要是在禅宗早期使用的方法，怪异的言行刺激主要是在禅宗中后期使用的方法。表面上，言语点拨也好，言行刺激也好，都是让人无法理解的，实际上其原理非常简单，就是贯穿缘起性空的精神，贯穿不二中道的精神，即在具体的缘起条件下，有完全符合当下具体缘起的言语点拨或言行刺激，而同时又完全不符合凡夫的执着，乃至不符合一切在执着基础之上的道德、舆论、风俗、习惯等，所以看起来极为怪异。

禅宗后期发展出来的“默照禅”“看话禅”等修行方法，虽然形式有变，其根本精神仍然是要通过怀疑之情，而将所有的执着集中在一点上，使根基陋劣的学人能逐步削弱执着，从量变趋向质变，从而创造刹那破除执着的机缘，能够在禅师的言语指点、言行刺激下当下明心见性。

二、看心、观净等渐修法门

一般来说，禅宗的主体是指南宗禅（慧能在江南布传法，所以叫南宗禅）。禅宗从五祖弘忍处分为慧能与神秀两支，神秀在北方传承，所以有“南能北秀”的说法。“南宗禅”的禅风完全摆脱之前的佛法学说，不拘束于名相，不滞于言句，提倡修证不二、迷悟一如；称自己本觉之妙心乃本成本明，并不存在真实的烦恼妄念，所以倡导“一超直入如来地”的顿悟学说，又称祖师禅。“南宗禅”到后世极盛，分化出五家七宗的分派，所以一般尊南宗为禅之正宗，尊慧能为禅宗第六祖。南宗禅，主张“明心见性”“直指人心”“顿悟成佛”。南宗的顿悟，认为只要消除妄念、性体无生，则立刻成佛。没有必要缓缓静修。而在主体之外，有一度比较盛行的北宗禅。北宗禅的主要修行方法是渐修法门，具体包含看心、观净等法门。①

---

① 韩传强. 禅宗北宗研究 [D]. 南京：南京大学，2012：1－402.

看心、观净是一个心性修行的过程，通过观空和“息想”、“息灭妄念”（拂尘）等，深入认识自己本具清净的佛性，并循序渐进地灭除一切情欲和世俗观念，达到与空寂无为的真如佛性相应的觉悟境界。①②③

观心法门是二法，即能观之心、所观之境，能所相待，是相待的假法，并不是与真如相应的真实心。如果能如实知见能观之心、所观之境，都是缘起如幻，本非实体，当下打破能所二元，无能观、所观，而了了分明，无观而无不观，无不观而无观，这就是与真如相应之般若智慧。

看净则是观心法门的一种修行状态、境界，即澄心静虑到一定程度，意识心慢慢平稳、正直、放松、自然，进入一种禅定境界，这种境界是意识的具体状态，是有为法，生灭不断。如果以为这种状态是真实心、是真如本性，那么就产生了一种新的妄执，即能观、所观的清净都成了妄执，称为“净妄”，是对如实知见自心本性的障碍，称为“净缚”。其具体内容在《坛经》中比较集中，一方面通过神秀大师的修行体现出来，例如其“时时勤拂拭，莫使惹尘埃”之偈，正是其观心看净的修行体验及内心执着；一方面通过慧能大师对北宗禅的渐修法门的不断批判而体现出来，例如其“本来无一物，何处惹尘埃”之偈，正是要双破能观之心和所观之境的执着。

三、禅宗的智慧特征

禅宗的智慧特征，与大乘佛教其他宗派所追求的智慧毫无二致，不过禅宗是通过言下见性而把其他宗派所追求的智慧直接变成现实而已。禅宗之智慧，简称为禅智。其中不二中道所对应的是佛教之最高智慧，直指佛

① 王志鹏．从敦煌歌辞看唐代敦煌地区禅宗的流传与发展［C］//丝绸之路民族古文字与文化学术讨论会会议论文集，2005：418－427.

② 林媛媛．佛教音乐对唐代诗词音韵的影响［J］．文艺争鸣，2016（3）：199－202.

③ 秦晋楠．从作为中介的禅宗看儒佛交涉问题：以罗钦顺对佛教的批判为中心［J］．中国哲学史，2020（6）：98－104.

性是佛法不二之法。“不二”，即彼此之间既不是同一的关系（不一），也不是相异的关系（不异），即“不二”包含“不异”和“不一”的两个方面。[①] 具体来说，“不异”是指空性真如与自心缘起不是平列的两个不同事物，“不一”是指空性真如与自心缘起不是同一个事物，空性真如是自心缘起的体性（哲学上称属性，例如运动），自心缘起是空性真如的相用（哲学上称现象，例如物质），空性真如与自心缘起之间的“不二”关系，其具体的特点，可以概括为三个方面。

第一，完全随顺因缘，没有任何执着或者人为造作，这就是“平常心”。所谓“平常心”，即是完全符合缘起的心，没有实体执的心，没有在二种我执基础之上的种种烦恼，不高不卑、不嗔不贪、不忧不喜等，一切都顺应缘起条件，困来睡觉，饿来吃饭，不计较，不挑拣，而完全符合缘起条件的天然反应。这里侧重在破除相缚之清净心。而真正的平常心是时刻具备清净心，理解了万物依于缘起而本来性空的事实，把握了缘起性空本质而又回到日常的平静生存。平常心主导的生活一定是清净的，平常心观察中的世间就是净土，这个意义上的平常心被称为“真心”。[②]

第二，平等正直，没有任何自他、有无、染净等二元对立，自己与山河大地无有差别，自己与一切众生无有差别，这就是“直心”。所谓“直心”，就是与真如、空性相应的心，不执着自我，不执着非我，自我与非我完全没有界限，也没有非界限，以正智而妙契真如，如此无能知之我、无所知之非我的执着，而如实认知一切缘起的事物，即所谓“无知而知，知而无知”。“无知”指的是体，即没有能知的自我之实体执，没有所知的非我之实体执；“而知”指的是用，即一切都是缘起之物，就按照其缘起的真相去如实认知。这里侧重在破除识缚之清净心。

第三，顺应缘起，没有执着，事物如是显现而如是认识，如是度化一

---

① 傅映兰.《坛经》的不二佛性［J］. 宜春学院学报，2019，41（4）：12－16，38.

② 韩凤鸣. 禅宗平常心主张的伦理本怀［J］. 浙江学刊，2010（2）：69－73.

切众生，没有过去、现在、未来等一切执着，这就是“当下心”。所谓“当下心”，又被称作“活在当下”。平常人们总是误以为“活在当下”，就是只注意眼前，不管过去和未来，把“当下”理解成眼前、现在，是一个时间概念；这就与犬儒学派所提倡的像一只狗一样地活着没有区别，极为愚痴，消极避世，乃至玩世不恭。这是莫大的误会。禅宗所说的“活在当下”，就是没有过去、现在、未来可得，不执着过去，也不执着未来，更不执着现在，如此毫不执着地面对一切事物，是向外破除相缚、向内破除识缚的整体，就是《金刚经》中所说的“过去心不可得，现在心不可得，未来心不可得”，如此而如是认识一切心，“何以故？如来说诸心，皆为非心，是名为心”。所谓“非心”之“心”，正是前文所说与“无性之性”相应的心，是遮破实体自性和成立缘起现象的统一，落实在“当下”，即是随顺一切缘起而没有任何执着的清净心。

第二章 禅宗思想的心理健康教育意蕴

禅宗关于人的本心或心性的描述，可分为本源、迷失、开悟及追求境界四个方面。① 这四个方面的内容对应于现代心理健康学的四个部分，即人性论、病因论、实现论和治疗论。现代心理健康学首先对人的本性做出基本假设，认为人具有积极进取和追求自我实现的基本倾向，这是心理健康教育得以可能的前提和基础；病因论揭示心理疾病的成因和影响因素，认为人在成长过程中或由于早期创伤性的生活经历或由于外在残酷的生存环境，不能正常发展或难以适应环境，从而产生心理疾病；实现论则是指通过种种心理干预和教育手段帮助个体尽可能地发挥潜能，塑造个体的理想人格，最终达到自我实现，成为“自己的存在”；治疗论是指帮助罹患心理疾病的个体回归正常，重新适应生活的一整套干预理念和方法，现代心理治疗论强调个体对现实的客观认知，鼓励人们面对生活的真相。

与之相对应，禅宗首先提出了自己的人性论，认为人的本心是清净的、圆满的、具足的。其次，在人性论的基础上提出病因论，认为人的种种烦恼和苦难都是由于在世俗的贪念中迷失了自己的本心，使自己清净的本心受到污染，从而产生贪欲、瞋恚、愚痴等心理疾病。再次，禅宗的实现论提出通过修行（禅修）最后达到禅的境界，即所谓万古长空，一朝风

---

① 吴言生. 禅宗思想渊源［M］. 北京：中华书局，2001.

月，人就不再为外物所扰，复归本心。最后，禅宗的治疗论提出，要摆脱烦恼获得解脱就必须重现自己的本心，而重现本心就是破除执着的过程，通过明心见性和修身养性来达到开悟，超越分别心、执着心，实现由清净本心到染心再到本心。

可见，禅宗思想本身就是一种心理健康教育思想，它既与起源于西方文明的现代心理健康教育理念有着诸多关联之处，又带有独特的文化意蕴，是一种根植于中国文化传统的心理健康教育思想。以下将从现代健康心理学的角度对禅宗的心理健康教育思想进行阐释。

第一节　禅宗的心理健康观

禅宗的心理健康观蕴藏在人性观中。禅宗的人性观，表现在其心性论。禅宗把人心分为清净本心和迷失妄心。本心即真心、自心。人一旦实现了本心的存在就到达了禅的境界，也就是心理健康，而心理不健康则是本心的迷失。因此，理解禅宗的心理健康观就必须理解禅宗的人性观。禅的人性观主要体现在本心的描述上。“但识自本心，见自本性，无动无静，无生无灭，无去无来，无是无非，无住无往”，“其心不青不黄，不赤不白，不长不短，不去不来，非垢非净，不生不灭，湛然寂，此是本心形相也”。[①] 具体而言，禅宗的人性观可概括为本性是佛、自性清净、自性自度和见性成佛，相应地，禅宗的心理健康观包括四个方面的内涵，即追求真实、反应适当、主观能动和悦纳进取。

---

① 余绍霞. 陶渊明《饮酒·其五》的“禅那”意境［J］. 顺德职业技术学院学报，2007（4）：79－81.

一、本性是佛：追求真实

佛学的“十二因缘”说认为人是物质和精神活动的结合体，由色、受、想、行、识五蕴和合而成。① 人生而有八苦——生、老、病、死、怨憎、爱别离、求不得及五取蕴。人们所有的苦难都来自内心的执着，不能认识本心的无明，也不能认识到万物无常和众生无我的真相。②

慧能说，“三世诸佛、十二部经，亦在人性中本自具有”③，“本性是佛，离性无别佛”④。可以看出，人性和佛性是统一的，脱离人性是成不了佛的。我们所有传奇人物，即使是虚构的，也都是在人的基础上进行想象加工的，我们的意识脱离不了实践生活，正如佛性不能脱离人的本性来谈一样。慧能又说，“人人皆有佛性”，“佛是过来人，人是未来佛”。慧能指出人与佛的区别就在于能否认识自己的本心，达到明心见性，如果迷失本心，自身不能觉悟就不能“见性”。因此要破除执着，使内外清净，才能自现本性而成佛。所以，求佛的过程就是自现本心的过程。

在现代健康心理学中，都把自我作为理解心理健康问题的核心，并将追求真实不自欺当作心理健康的重要特点。存在主义强调每个人都是独特的存在，因此真正健康的人应该活出属于自己的存在，而不是按照他人或者社会的期望以一种“非本真”的方式存在。⑤ 人本主义相信，真正健康的人是那些充分实现了自我的人，而所谓充分实现自我就是成为真正的自己。⑥ 禅宗在这个问题上具有更开阔的视野和更高的境界，它所认为的真

---

① 常新．“五蕴皆空”的研究（上）：佛学的人生观［J］．法音，1986（1）：5－11.

② 段青青．浅谈禅宗对心理治疗的启示［J］．科技信息，2009（16）：258－259.

③ 慧能．坛经校释［M］．郭朋，校释．北京：中华书局，1983.

④ 惠能．六祖坛经：敦煌《坛经》读本［M］．邓文宽，校注．沈阳：辽宁教育出版社，2004.

⑤ 欧文·亚隆．给心理治疗师的礼物：给新一代治疗师及其病人的公开信［M］．张怡玲，译．北京：中国轻工业出版社，2015.

⑥ 亚伯拉罕·马斯洛．马斯洛的人本哲学［M］．刘烨，编译．呼伦贝尔：内蒙古文化出版社，2008：35.

实是一种彻底的直观的真实，一种鲜活具体的真实。根据禅宗的思想，道就是平常心，“饥则食，困即眠”就是得道，众生的问题就是没有平常心，所以吃的时候不好好吃，睡的时候不好好睡，弄出好多心理疾病来。禅宗对真实的追求不只是停留在认识自我上，而是要超越自我（“破我执”），完成对宇宙人生的认识和把握，并切身体证世间万物的本来真相。无常就是世间万物的真相，人的思想也是不断变化的、连续的、无生无灭的，因此执着就是执迷不悟，而心理健康者就是那些能够看透真相的人，他们不执着于事，也不执着于己，只有如此，才能坦然面对生、老、病、死等人生痛苦。

二、自性清净：反应适当

禅认为佛性就是人的本性。禅认为人的本性是清净的，提出自性清净。如“何期自性本自清净”；“我本元自性清净。善知识，于念念中，自见本性清净，自修自行，自成佛道”；“世人性本清净，万法从自性生”；“清净法身，汝之性也”，“但见本源清净，觉体圆明，即名见性成佛”。[①]这里的“自性”就是指人本心或本性，没有经历世俗污染的本心，与佛性相统一的本心；“清净”是指人们的本心处于一种没有烦恼、没有执着超越与分别的状态。因此，我们所说的“自性清净”就是指人们当下的本心处于一种没有烦恼、超越执着与分别的状态，那么他的本心就是清净的、没有受过污染的。“本性具足”的“本性”指本来性质，就是人们先天所具有的佛性，是超于善恶应然判断的无二之性。“具足”的解释是具备、足够、圆满，没有缺陷。“本性具足”指的就是人性的本源是具备的、圆满的、清净的；禅宗认为人的本性就是佛性，重现人的本性就能成佛。这就充分肯定了人的本性的力量，把人们对于佛的推崇转化为对于自身力量的肯定。

---

① 坛经·般若品第二［M］. 尚荣，译注. 北京：中华书局，2013：56.

在物欲横流的现代社会，人的欲望被充分激发出来。生活在这一背景下的现代人经常会在欲望的刺激下变得对生活事物反应过度，产生苦恼。存在主义相信，死亡、自由、孤独和无意义是存在的基本处境，当人们以非本真的方式去生活时，就变得难以忍受这些处境而变得焦虑。① 禅宗的"自性清净"和"本性具足"说的是人的本心是圆满的、清净的，因而是超越身外万物的，身外万物本不应该成为人心的羁绊和拖累，人心也不需要为身外万物牵肠挂肚。既然一切都"在乎一心"，那么面对人的存在处境，只要人们能够用一颗顺其自然、乐观进取的心态面对身边的各种问题，在遇到困难或者挫折的时候保持平常心，就可以保持适宜的行为反应和情感或情绪，从而实现身心的和谐统一。在《云门文偃禅师语录》中，有一句问答——"如何是佛法大意?""春来草自青。"春天来了，草就会变绿，这是一个自然的现象，不会因为人的心意而改变。禅宗认为，人们认知世界的过程就是内省的过程，在内省中切断自己与世界的联系，排除内心的杂念，进入安静、清净、完全沉浸于自己世界的状态。内省能力强的人能够更加清楚地感知自己身体和情绪的变化，对自我、自我需求或者动机、性格和目标有更加清晰的认识。

根据禅宗的理念，强迫症就是本心在受过污染后不再"清净"，从而对某种执念过度反应，以至于难以保持自然而然的自由状态。这才有森田正马提出的"顺其自然，为所当为"的治疗方法，以恢复禅宗所说的自性清净，远离烦恼、执念。

三、自性自度：主观能动

禅认为人所追求的佛性是清净的、无缺陷的，也对我们怎样利用自性达到所说的佛性进行了说明。"外无一物能建立，皆是本心生万种法"，

---

① 欧文·亚隆. 给心理治疗师的礼物：给新一代治疗师及其病人的公开信［M］. 张怡玲，译. 北京：中国轻工业出版社，2015.

“自性能含万法是大，万法在诸人性中，若无世人，一切万法，本自不有。故知万法本自人心，一切经书，因人说有”[①]。禅宗有一则公案很好地说明了这一点：时有风吹幡动，一僧曰风动，一僧曰幡动，议论不已。慧能曰：“不是风动，不是幡动，仁者心动。”万物的差别和运动都是源于我们心的感受，即万物因心而异，心生万法。在认识事物之前，必须充分认识我们自己，我们对于现有事物的了解都是建立在原有认知结构的基础上的，对事物的认识受自身认知结构的影响。[②]“若识自本心，见自本性，即名丈夫、天人师、佛”，“菩提只向心觅，何劳向外求玄”[③]。禅宗认为，在成佛之路上本心极为重要，无需依靠外部的力量，自身本心的力量就足矣。

相信本心的力量就是相信人性的力量。这与人本主义心理治疗大师罗杰斯对人性所持的信念如出一辙，即每个人都有积极向上的潜能，只要提供足够好的人际环境，人就能够像植物一样向着阳光生长。[④] 存在主义心理学更进一步，认为每个人都有自由意志，人虽然是被抛入生活之中，但生活中的人是自由的，他们可以选择自己的命运。[⑤] 无论是人本主义心理学，还是存在主义心理学，都相信人自身的力量，强调人的主观能动性在心理健康中的作用。心理咨询把助人、自助作为咨询目标，也无非是强调只有当人能主动面对生活时才算是回归健康。现代健康心理学越来越意识到，每个人都是独特的，都具有强大的潜能，拥有众多发展的可能性，每个人的命运都在自己的手中，主宰自己的人生，所有一切的成败、一切事件的因果祸福都是自己的行为、态度或性格造成的，而不是外在环境的力量

① 坛经·般若品第二［M］. 尚荣，译注. 北京：中华书局，2013：52.

② 魏道儒. 白话坛经［M］. 西安：三秦出版社，2002.

③ 坛经·行由品第一［M］. 尚荣，译注. 北京：中华书局，2013：24.

④ 卡尔·R. 罗杰斯. 个人形成论：我的心理治疗观［M］. 杨广学，尤娜，潘福勤，译. 北京：中国人民大学出版社，2004.

⑤ 欧文·亚隆. 给心理治疗师的礼物：给新一代治疗师及其病人的公开信［M］. 张怡玲，译. 北京：中国轻工业出版社，2015.

所造就的。人想要完善人格，发展自我，获得解脱只能依靠自身本来的力量，发挥主观能动性、积极性来解决自己在发展过程中所遇到的一系列问题。

四、见性成佛：悦纳进取

禅认为自性对我们认识事物和学佛求解脱具有重要的作用，禅也对我们通过自性的作用所要追求的最高境界进行了说明。“但见本源清净，觉体圆明，即名见性成佛”，“我本元自性清净。善知识，于念念中，自见本性清净，自修自行，自成佛道”①。在《悟性论》中，慧能指出：“直指人心，见性成佛。”所谓“见性成佛”，就是指人们重现自己的本心的过程就是成佛的过程，重现本心清净，感知自身原有就具备的佛性。重现自己原来清净本心的过程就是禅宗中所说的“明心见性”的过程，明心见性就是超越执着、获得解脱、没有障碍地适应社会的过程。因此，禅宗认为人性的终极层面就是从本心到染心再到本心的过程，也就是成佛的过程，“见一切法，不著一切法，遍一切处，不著一切处。常净自性，使六识出六门，于六尘中无染无杂，来去自由，通用无滞，即是般若三昧，自在解脱，名无念行”②。重现本心即“成佛”，所谓“成佛”也即获得“自在解脱”，所谓“自在解脱”具体指的是“超越”和“自由”两个方面的内容。“超越”指的是对现有条件或状况的一种突破，也指不断进步、不断进取的精神。这里所说的“超越”和“进取”指的并不是对结果或者结果的执着追求，更加强调的是提升自我、发展自我从而实现自我的过程。③ 超越的思想运用于禅宗关于人格理想，是指人格的完善和思想境界的提高。④

“见性成佛”的过程就是拨开种种迷雾重现本心的过程。在《坛经·

---

① 坛经［M］. 尚荣，译注. 北京：中华书局，2013：56.

② 坛经［M］. 尚荣，译注. 北京：中华书局，2013：56－57.

③ 邓云龙，戴吉. 心理健康标准的中国文化解读尝试［J］. 临床心理学杂志，2010，18（1）：125－126.

④ 梁海虹. 对禅宗“终极解脱”的心理学分析［J］. 西北大学学报：哲学社会科学版，2005，35（3）：64－68.

行由品》中，慧能大师开宗明义："善知识，菩提子自性，本来清净。但用此心，直了成佛。"现代的精神分析心理学也认为，人们通过"洞察"深潜于意识之下的种种冲突创伤就能恢复健康。不能洞察是因为不能直面，不能直面是因为不能接纳，不能接纳所以不能适应。精神分析心理学假设人为了逃避潜意识里的丑陋带来的焦虑而设置了种种防御机制，越是心理健康的人越是能透过这些防御机制直面问题。禅宗虽然在人性假设上完全与之相反，但在心理健康的机制上却殊途同归，都相信"直指人心"的洞察或顿悟才是达到心理健康之道。不同的是，禅宗在顿悟之后"见性成佛"，从而达到"自在解脱"。所谓自在解脱指的是心灵的解脱，将人置于一种自由的状态，超越执着和执念。现代人的焦虑和苦恼等情绪都是由于太过于执着，想要的太多，不能正视得与失。一句话，人生苦痛都是因为放不下，放不下是因为看不透，看不透人生的无常和自身的不完美。所以，学会悦纳自己、顺其自然、随遇而安是解决内心的烦恼，获得身心和谐和心理健康的法宝。人因为看透而放下，因为放下而超越，人在超越中才能勇往直前、不断进取，才能不断突破困境，才不会沉溺于此，迷失在执着中，才能促进人们的不断发展和人格的完善，所以见性成佛即悦纳进取。

综上，禅宗从本性是佛、自性清净、自性自度和见性成佛的人性论出发建构了一套完整的心理健康观，认为心理健康的本质就是追求真实、反应适当、主观能动和悦纳进取。

第二节　禅宗的病因观

禅宗认为人的本性是清净、圆满的，但在成长中会产生各种烦恼、容易迷失。所谓迷失，即是指人们在世俗纷扰中迷失了本心，原本清净的本心被烦恼所污染。“迷即迷自家本心，悟即悟自家本性”，“一切众生迷于真性，不达本心，种种妄想，不得正念，故即憎爱。以憎爱故，心器破坏，即受生死，诸苦自现”。① 根据禅宗的观点，人的心理本来都是健康澄明的，只是由于本心在成长过程中受到了凡尘俗世的污染而迷失，从而导致各种痛苦。那么，本心是如何迷失的呢？又是什么让本心迷失呢？禅宗列出了性具净与染、无明与执着、贪嗔痴、业力四个因素。

一、性具净与染

心理健康教育认为早期的心理创伤或者应激生活事件会导致人们产生烦恼，严重影响个体的原有价值观或者对善恶应然的判断。禅宗认为人的本性是具足的，真心本性是清净的、恒常的。②《坛经》认为：“善知识，若修不动者，但见一切人时，不见人之是非，善恶，过患，即是自性不动。”“汝若欲知心要，但一切善恶都莫思量，自然得入清净心体。”相反，如果人们因为错误的道德观、价值观使自己原本清净的本心被无明和执着所污染，产生各种执着心、分别心，就会产生各种烦恼，且“智如日，慧如月，智慧常明。于外著境，被妄念浮云盖覆自性，不得明朗”。当人们并不了解自己的内心的时候，就会将关注点转向外面的世界，在关注外在世界、向外追逐外在条件的时候，就会被外在丰富的物质世界所吸引，内心需求将一再被激发，③ 人心就感到更加不圆满。人的本心是清净圆满的，在成长的过程中因生活种种挫折或苦难而迷失本心使本心受染，便可能会导致种种心理问题。

---

① 周祥钰．憨山大师禅修思想研究［D］．成都：四川大学，2005：1－96.

② 谭素芬．中国禅学的心理健康思想探析［D］．长沙：中南大学，2012：1－43.

③ 魏吉魁，唐秋萍，邓云龙．简析中国禅学中的心理病理观［D］．中国临床心理学杂志，2012，20（2）：282－284.

二、无明与执着

禅宗认为自我的迷失是心理问题产生的主要原因。在禅宗的思想中，人有一个清净的本心，只要人能够依照这个清净的本心去生活，人生就没有痛苦。然而，随着凡尘俗世的日益遮盖和污染，本来清净的本心不再清净，人在无明中变得浑浑噩噩，人也不能正确认识自我为空的本质，而执着于我。人本主义心理学家罗杰斯将自我分为现实自我和理想自我，认为现实自我和理想自我的符合程度决定了人的心理健康程度，当现实自我和理想自我的差距过大时，人就会出现心理问题。虽然两种理论在具体观点上有所不同，禅宗强调我本是空，所以无须执着于我，人本主义心理学强调我的现实性，不能用理想代替现实，但二者都认为心理问题源于"无明"（不能认识自我）和"执着"（执着于我或理想我）。

禅宗中的"无明"就是没有正确地理解缘起的本质，没有认识到万物的无常、众生的无我，从而孜孜以求于恒常，执着于我，人的烦恼多源于此。试想，万物本流动、人生本无常，一个人在不同的时间里却以不变的眼光和态度对待本已变化了的事物，岂能不出现错位现象？一旦世事不尽如人意，痛苦就必然产生。同样，众生本无我，人却执着于我，到头来终究是一场空。现代人太过执着于自我的发展和成功，总是望向远方，而忘记了生活的本质在当下，这是焦虑痛苦的来源。对于"执着"，禅宗将其分为"我执"和"法执"两个方面。① 禅宗和心理健康教育都指出，人们因执着心和分别心会使其迷失自我，无法掌握正确的自我概念，内心的贪嗔痴不断增长，以致被诸多烦恼困扰。

三、贪嗔痴

根据禅宗，人类的各种苦难（如忧愁、冲突等）主要源于自身的贪欲

① 熊韦锐，于璐．西方心理学对禅定的功效研究 [J]．心理科学进展，2010，18（5）：849－856.

心、怒心和愚痴心，也就是所谓“三毒”。①《智度论》卷三十一说：“有利益我者生贪欲，违逆我者而生嗔恚，此结使不从智生，从狂惑生，是故名为痴，三毒为一切烦恼根本。”《长阿含经》卷八说：“谓三不善根：一者贪欲，二者嗔恚，三者愚痴。”《止观》卷五说：“四大是身病，三毒是心病。”贪欲心是人们对于物质条件的错误认知和态度，忽视本心，重视外在附加条件。嗔恚是需求没得到满足继而产生对外在世界的负性观念，引发个体的愤怒。愚痴为错误的认知和扭曲的思维使个体陷入紧张状态，难以正确做出适当反应。总之，对人对事的错误信念带来了各种苦恼。现代认知心理治疗理论认为，真正让我们感到痛苦并做出非适应行为的不是发生在我们身上的事物本身，而是我们对事物的看法和所持的信念。② 现代社会的生活方式极大地刺激着人的欲望，让人相信成功就是拥有得足够多，从而导致想要的远远多于真正需要的，不断地去攫取，但越攫取就越觉得不够，欲求不满把人带入痛苦和焦虑的深渊。现代社会对自我的强调把人带入以自我为中心的陷阱，而“无我”的本质又经常使人感到失望和愤怒。

《增一阿含经》卷六说：“贪欲病者用不净治。嗔恚病者用慈心治。愚痴病者用智慧治。”既然人的心理疾病是贪欲、嗔恚和愚痴，针对不同问题对症下药即可。

四、业力

禅宗中的业，是身、口、意的行为。业力，一指行为、言语、思想等各方面所表现的能力；二指婆罗门教（佛教语），谓不可抗拒的善恶报应之力。在佛教中，人们的行为相应地被分为三种，分别是善的行为、恶的

---

① 陈春国．佛教禅宗对维护心理健康的价值［D］．武汉：华中师范大学，2014：1－45．

② 贝克．认知疗法基础与应用［M］．张怡，孙凌，王辰怡，等译，北京：中国轻工业出版社，2013：1－434．

行为、无记的行为。一种行为产生后，它并不随着行为的结束而真正结束，而是会持续地影响人们未来的生活。每种行为都是我们生活经验的重要组成部分，它不仅反映了人们的认知活动，而且还在一定程度上会改变我们的认知，组成我们重要的生活经验，保存在我们的阿赖耶识中。这些经验又是种子，将继续引发新的行为，形成新的因果循环。如是，"种子生现行，现行熏种子"。佛教医学认为，人的一切疾病皆是业障病，云"诸病总因归纳只一条，只因不解无明为蒙昧。谓由心的无明而造作出诸多业缘，感得各种心身疾病"。①

现代健康心理学认为，人的心理疾病绝非一时一地一事引发的，都是长期积累的结果，当某个非适应性行为出现时，如果没有及时觉察和反思并加以遏制，就会产生连锁反应，以致积习成弊，最终导致心理疾病。用禅宗的话说，那个最初的非适应性行为就是业，而由那个行为引发的连锁反应就是业力的一种体现。一般而言，心理健康者都具有较好的自我觉察能力和自我反思能力，这两种能力可以帮助人们及时清除业障和斩断业力，从而达到预防心理疾病的目的。

综上，禅宗的病因观认为，人们因为其分别心、执着心而迷失自我，使自己原本清净的本心受到污染，导致贪欲、嗔恚、愚痴，从而带来人生的各种痛苦和心理疾病。同时，这一切都可以追溯到最初的某个恶的行为（业），从这个恶行开始，一连串的连锁反应把人卷入恶行循环（业力），直至结成恶果，完成因果报应。

---

① 谭素芬．中国禅学的心理健康思想探析［D］．长沙：中南大学，2012：1－43.

第三节　禅宗的心理健康教育目标和具体方法

现代心理健康教育的目标是助人成长，最终达到自我实现。自我实现就是充分发挥自己的潜能，忠于自己的本心，成为自己的存在。在禅宗的思想里也有关于人的理想目标的论述，即境界论。境界论就是通过破执方法、经过明心见性和修身养性的过程而达到顿悟成佛这一境界的思想。禅宗认为，人生就是一场修炼，而修炼的终极目标就是成佛，亦即重现本心。所以，禅宗的心理健康目标就是通过修行助人排除世俗牵绊，回归本心。禅宗心性学说所体现的心理疗法的核心是破除内心的执着，重现自己本心的清净。①

在成佛的路上，也就是获得解脱的过程中，人需要达到两个方面的目标：一是认知上的觉悟，即“明心见性”；一是行为上的护持，即“修心养性”。这是禅宗思想中心理健康教育的两个具体目标，禅通过静坐、冥想、心智觉知等完成这些目标，以实现心理治疗的目的。②

一、明心见性

禅宗，作为中国化最典型的佛教流派，其思想体系的核心内容是心性论，即鼓励众生通过心性的修持，来摆脱烦恼、悟道成佛。禅宗的心性论追求心灵的解放，发展到一定阶段，表现为佛性论。禅宗主张“明心见

① 熊韦锐，于璐．禅宗心性学说中的心理治疗思想探究［J］．心理学探新，2010，30（2）：7－10.

② KABAT-ZINN J. An outpatient program in behavioral medicine for chronic pain patients based on the practice of mindfulness meditation-theoretical consideration and preliminary results［J］. General Hospital Psychiatry，1982，4（1）：33－47.

性”“顿悟成佛”，以求达到心性合一、梵我合一的境界。[①]“明心”就是要明了心的本来面目，心的本真状态，它是真实的生命存在、生命世界的显示。“明心见性”是指在认知上认识到自己的本性是清净的，认识到世间万物无常、众生无我的事实。人们的种种烦恼都是因为自身的无明与执着，要想解脱烦恼，只有认识到这一切才有可能。[②]《坛经》曰：“不识本心，学法无益，识心见性，即悟大意。”可以认为，禅宗的心理健康教育目标之一就是帮助人们“明心见性”，以实现认知上的改变，矫正由非理性因素影响的失常的“核心信念”。为此，禅宗提出了一系列的具体方法来达到这一目标。

（一）三无

三无就是指“无念为宗、无相为体、无住为本”。慧能思想的本质可以总结为几点：顿悟、无念是主要学说，无相是实质，无住是主要成分，无念、无相、无住“三无”，是六祖禅法的核心。[③]

1. 禅的无住

无住，为实相的别名，大乘经典皆以此为主旨。一切法本来没有自性，自性为空，所以没有所住，一切法皆是因缘相合而生，且无住为一切法的根本，是般若实相。对自己心中涌起的往事都不留半点牵挂，即是无住。无所住，离一切相，才是清净心，才有可能生般若智。

《维摩经》讲“从无住本，立一切法”，即一切法的根本就是无住，无住就是法的本质，人的本性。诸法拥有法相和法性，其中法性是抽象的，高度概括性地揭示了法的本质，而法相就是具体的，是承载着规律的实体；法性是共性的，法相是个别的，相对于法相而言，法性更多的是以一种规律的方式呈现。一切法都是有规律的，所以，我们才能把握它。

---

① 陆敬闪. 禅宗思想对心理治疗的启示［D］. 南京：河海大学，2007：1－54.

② 熊韦锐，于璐. 禅宗心性学说中的心理治疗思想探究［J］. 心理学探新，2010，30（2）：7－10.

③ 胡秀红. 禅宗教育心理思想特色及其现代意义［D］. 贵阳：贵州师范大学，2009：1－55.

“应无所住，而生其心”，指的是人的自性是一个不断变化、发展的动态过程，对于世间的万物都抱着念念不住的态度，一旦停留、执着于某个事物，我们的无住就变成有住，看待事物就停留在事物的本相，无法透过现象来参透事物的本质。“前念今念后念，念念相续不断”，我们的念头随着时过境迁而不断转移，对世间万物都无住，过而不停留，如雁过长空，不留痕迹，只有做到这样，我们的心才不会被束缚从而获得自在解脱。

2. 禅的无念

《大品般若经》中提出：“无所念者，是名念佛。何等名无所念？即念佛心名无所念。”“念”就是一颗能认识的心。“无念”是指我们的思想处于一种没有任何妄念的境界,[1] 就是我们的心在各种情境中都不会有繁杂的想法。“无念”并不是说心是麻木且没有内容的，而是所有对环境产生的想法是没有差别的。无念是指知道所有事物的规律与本质，但是他的心还是像没有经历过污染的那样。《金刚经》中提到“不应住色生心，不应住声香味触法生心，应无所住而生其心”，“应生无所住心”。不因为发生的环境或是情境的差异而让我们的想法没有什么分别。“念起即觉，觉之即无，此即修行之妙法。故虽备修万行，而以无念为宗。”这就是说，在修一切佛法禅宗的时候，我们都不能够分心，要一直保持没有分别、能够透过现象看到本质的心态。

3. 禅的无相

无相就是脱离一切事物的外在实体、脱离一切相，就是在我们认识事物时，主要是要了解事物的本质和本来的面目，而不是外在的实体。一切诸法之所以有种种名相，都是我们自己在意识上加入的，却不是它自己本身所具有的。所以要接触外在表象并且要透过外在的表象，即于相而离相。

---

① 김성수. A bibliographic research on the Zen Ideology of musim presented by Baegun-Hwasang [M]. Journal of the Institute of Bibliography, 2020.

道信禅师在《入道安心要方便法门》中称："众生根有无量故，所以说法无量；说法无量故，义亦名无量义；无量义者，从一法生。"即无量义是一法所生，而一法指的就是无相。无相就是诸法的本来面目，因为实相就是无相无不相。要认识诸法的实相就是要做到于相而离相，基于事物的外在实体而超越实体，把握事物的本质。在认识事物时不执着于外在，我们才可以真正认识事物的本质，理解事物的实相。因此，无相就是实相，诸法以实相为本体，即无相为体。

（二）平常心是道

马祖道一禅师提出"平常心是道"的思想。所谓平常心就是没有得失心、没有是非心，是一颗平静、淡泊的心。① 道一说："若欲直会其道，平常心是道。谓平常心无造作、无是非、无取舍、无断常、无凡无圣……只如今行住坐卧、应机接物尽是道。道即是法界，乃至沙河妙用，不出法界。"（《景德传灯录》卷二十八）可见，具体而平俗的心就是禅道、佛道，平常心就是我们顺其自然、随遇而安的心态，对于世间万物都没有分别心、执着心，只关注当下。不需要像禅定、静坐那些技术，只需持有一种平常的心态，便可以体会佛性，感受禅理。平常心是道又表现为自我满足，重视个体的存在和感受，认为人们在自己的平常心中便能感受自己本性中的佛性。② 每个人的本性中都存在佛性，每个人都具备着成佛的可能，都具备成佛的资格。只不过在世俗的贪欲迷失了自己的本心，不能保持一颗平常心去看待现实世界中的万物，就不能领悟真正的禅宗佛理。

（三）斗机锋、参公案

机锋是公案的灵魂和精髓。③ "机"指的是因为处于某种具体情境而产生的心理活动；"锋"是指灵活运用禅机的敏锐状态。"机锋"就是指

---

① 李慧．论禅宗心性论：从心理治疗角度探析［D］．郑州：郑州大学，2011.

② 李华华．禅宗心性论的发展历程研究［D］．合肥：安徽大学，2003：1－57.

③ 谭素芬．中国禅学的心理健康思想探析［D］．长沙：中南大学，2012：1－43.

禅宗大师用超越逻辑的思辨性极强的语言来描述禅理，根据学人当下的心理状况和当场的外在环境，开展苏格拉底式的谈话，主要目的是用一针见血、直指人心的语言来阻断他们固有的执着的思维，从而使他们认识到自己本心的清净。① 禅宗认为，历代宗门祖师典范性的言行可以判别学人的是非迷悟，故亦称“公案”。“公案”被视为禅门传法的“血脉”、祖师“直指”的法门，其作用在于参透法的本质，基于佛祖对于自我解脱境界的宗旨，使其进入与佛相同的思想境界。公案的突出意义一方面表现在思想范式的发展，另一方面表现为公案为人们提供了学习和模仿的榜样。②

（四）当头棒喝

当头棒喝是佛教用语，是接待初学的人用棒迎头一击或大喝一声的仪式。③“棒喝”是在机锋的基础上发展起来的。“棒”的广泛施用，通常说始于青原系德山宣鉴和南岳系黄檗希运；“喝”的广泛施用，则始于黄檗门下临济义玄：所以有“德山棒、临济喝”之称。禅宗大师对于初学者的疑问，并不用言语作正面的回答，反而用棒打或用口喝，来阻断或者转变初学者固定的思维方式，激发其独立思考从而使其获得内在的觉悟，来增强其内省、认识自己本心的能力，产生振聋发聩的作用。一言不发地当头一棒，或大喝一声，或“棒喝交驰”地提出问题让求佛者回答也是一种考验或是开悟的方式，以考验他们的领悟力及水平，打破初学者的执迷。因此，棒喝也就成了佛门特有的施教方式，是一种“不立文字”的集中表现。

（五）四料简

禅宗认为，修行方法的核心和关键在于破除执着，从而重现自己的清

---

① 韩凤鸣，李永．本质与诠释：论禅宗对“本质”的解释进路［J］．四川大学学报（哲学社会科学版），2009（5）：50－55.

② 刘方．禅门公案的性质，特征与价值［J］．宗教学研究，2003（1）：26－32.

③ 王敬．“当头棒喝”开始了穆青记者生涯［J］．新闻与写作，2005（3）：38－40.

净本心。[①] 禅宗临济宗人提出了一套系统的说法来实现“破执”，根据参学者的不同根器和对于执着（我法二执）的不同程度而采取不同的方法，即“四料简”。[②] 具体来说，第一是“夺人不夺境”，针对我执较严重的人；第二是“夺境不夺人”，针对法执较严重的人，让他们理解世事无常，没有什么东西是恒常不变的；第三是“人境俱夺”，针对我执和法执都很严重的人，破法我二执；第四是“人境俱不夺”，针对那些我执和法执都不严重的人，他们处于正常的状态。

（六）参话头

学者在看话头之后会产生各种疑问，而参话头就是通过公案中的语句来进行研究，通常不要求人用心去参透，反而主要是让人产生疑问感到迷惑。[③] 然后在恰当适宜的时候瞬间阻断其当下的思维，让其放下头脑中现有的概念和逻辑，体会到清净空寂的本心。[④] 看话头如同禅定、静坐等方法一样更多的是培养人的定力，而参话头更多的是通过顿悟产生般若智慧。参话头主要分为三个过程：首先，禅师会给予一个无解的问题，让其集中所有的注意力去思考问题；其次是起参，思考问题过后便会产生疑问，这个疑问不是思想也不是分析和推理，更多的是一种急切地、焦虑地想要得到答案的状态，即疑情状态；最后是破参，当人们进入疑情状态时会产生相应的表情反应，此时，禅师会使用棒喝的方法，使其走出此状态，获得顿悟。

（七）空慧破执

所谓空慧破执，就是指超越执着、分别，驱除任何固有的形式从而把握其中的本质的过程。为了促进思维方式更加灵活、开放，解决思维片面

---

① 熊韦锐．“正念”疗法产生与发展的历史根由及其理论缺失［J］．医学与哲学（人文社会医学版），2010，31（10）：49－50.

② 洪修平．中国禅学思想史纲［M］．南京：南京大学出版社，1994.

③ 谭素芬．中国禅学的心理健康思想探析［D］．长沙：中南大学，2012：1－43.

④ 张天布．禅宗参话头在精神动力学心理治疗解决阻抗中的整合运用［J］．中国心理卫生杂志，2007，21（12）：862－866.

化、绝对化的问题，提出遮诠法、归谬法、双边否定法、四句否定法等方法。①

1. **遮诠法**

在龙树、僧肇等人的论著中，遮诠法常常被作为一种“破邪显正、破相显性”的重要方法，② 其主要目的是要破除人们内心的执着。任何事物都具有两面性，要一分为二地看待问题，任何对于事物绝对正面的说法都是不彻底的，具有限制性的，难免会顾此失彼，因此，遮诠法以否定的方式来否定事物，来切断个人对于事物的执着，反其道而行之，使其思维的绝对正面退回“中庸”的立场，从而顿悟世间万物的真实性。③

2. **归谬法**

龙树等人认为，任何概念都是相对的，没有绝对的真理。因而，他们并不主张立场、绝对的理念，而是在辩论讨论的过程中就双方的观点本身进行分析和推理，揭示对方观点中的漏洞、不合理之处。在现代健康心理学的认知疗法中有同样的思想，其中的情绪疗法中的不合理情绪辩论的技术就不主张治疗师去说服来访者接受正确的观点，而是通过指出来访者思维上的矛盾和荒谬以帮助来访者反思，直至实现领悟，做出改变。

3. **双边否定法**

《中论》（卷第一）的开篇偈颂为“不生亦不灭，不常亦不断，不一亦不异，不来亦不出”，此外，在《坛经》中，惠能所谓“三十六对法”的“出没即离两边”“出语尽双”等，也体现了双边否定法的思想。④ 双边否定法通常也通过三个过程来开展：首先是将对方的观点分为正反两个方面；其次是证明这两个方面都是荒谬的、错误的，彻底否定对方的观点；最后，通过抛弃错误的观点，使当事人舍去自己原有错误、固执的思

① 石文山．佛教般若思想的心理治疗意蕴［J］．心理学探新，2013，33（3）：200－204.
② 石文山．佛教般若思想的心理治疗意蕴［J］．心理学探新，2013，33（3）：200－204.
③ 石文山．佛教般若思想的心理治疗意蕴［J］．心理学探新，2013，33（3）：200－204.
④ 石文山．佛教般若思想的心理治疗意蕴［J］．心理学探新，2013，33（3）：200－204.

维。双边否定法有利于破除当事人的不合理理念，如过度概括化和绝对化的理念等。

4. **四句否定法**

四句否定法的具体操作是列举出某一命题所包含的所有可能性，然后指出其中的矛盾，再逐一否定。四句否定法可以概括为四个字：正、反、合兼、离。其中，正指的是肯定命题中正确的方面；反即是否定不正确的观点；合兼是整体来看，既有肯定又有否定；离是指超越了肯定与否定。如龙树所言："一切实非实，亦实亦非实，非实非非实，是名诸佛法。"（《中论》卷第三）在佛教禅理中，四句否定法绝对地否定了思维、语言所有的外在形式，避免人们执着于想用各种概念的描述来把握真实和自我从而带来的各种烦恼。也就是说，四句否定法针对那些太过执着于各种概念而陷入思维胶着的人，能够发挥有效的治疗作用。

（八）参禅法

参禅的目的在于破除人们的思维定式，排除语言对于人们把握真理的干扰作用，如《放光般若经》（卷第一）所言："菩萨行般若波罗蜜，不见诸法之字，以无所见，故无所入。"参禅法就是通过对文字描述的扬弃，适时地切断当事人的各种妄想执着，就可以使其如实地体察到当下鲜活的生命存在；由此，其心理必将变得更加自在、灵活和开放。① 禅宗牧牛图便体现了参禅法的思想，将牛与牧童的关系描绘得特别生动。②

明代普明禅师的《牧牛图颂》，十幅图和十首诗，生动表现十个境界：1. 未牧（一颗烦躁不安的心）；2. 初调（初步的训练与约束）；3. 受制（学会自我控制）；4. 回首（反省与觉照）；5. 驯伏（调伏与平衡）；6. 无碍（心灵的自由）；7. 任运（过实现的生活）；8. 相忘（清静的心智）；

---

① 石文山．佛教般若思想的心理治疗意蕴［J］．心理学探新，2013，33（3）：200－204.

② 无尽灯．禅宗的牧牛图［EB/OL］．（2020－06－06）［2024－07－02］．https://jingtumen.com/post/627.html.

9. 独照（开悟与见性）；10. 双泯（涅槃解脱）。

1. 未牧

狰狞头角恣咆哮，奔走溪山路转遥，
一片黑云横谷口，谁知步步犯佳苗。

2. 初调

我有芒绳蓦鼻穿，一回奔竞痛加鞭，
从来劣性难调制，犹得山童尽力牵。

3. **受制**

渐调渐伏息奔驰，渡水穿云步步随，

手把芒绳无少缓，牧童终日自忘疲。

4. **回首**

日久功深始转头，癫狂心力渐调柔，

山童未肯全相许，犹把芒绳且系留。

5. 驯伏

绿杨阴下古溪边，放去收来得自然，
日暮碧云芳草地，牧童归来不须牵。

6. 无碍

露地安眠意自如，不劳鞭策永无拘，
山童稳坐青松下，一曲升平乐有余。

7. **任运**

柳岸春波夕照中，淡烟芳草绿茸茸，
饥餐饿饮随时过，石上山童睡正浓。

8. **相忘**

白牛常在白云中，人自无心牛亦同，
月透白云云影白，白云明月任西东。

9. **独照**

牛儿无处牧童闲，一片孤云碧嶂间，
拍手高歌明月下，归来犹有一重关。

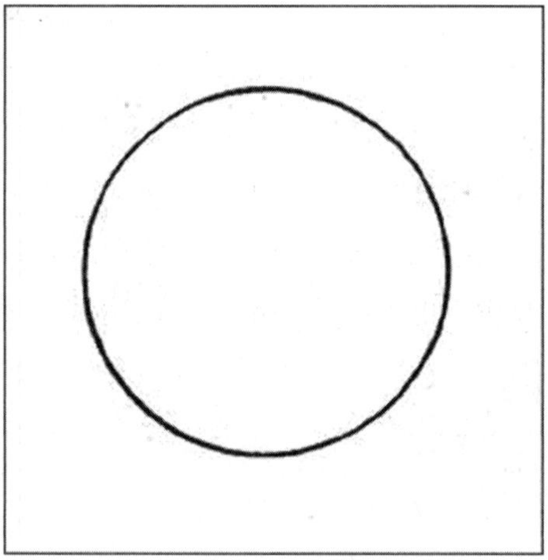

10. **双泯**

人牛不见杳无踪，明月光寒万象空，
若问其中端的意，夜花芳草自丛丛。

禅宗教法中的牧牛图心理观修分为四个过程——寻牛、见迹、独照到双泯，对应着现代健康心理教育对心理问题的干预过程，即显化、调伏、淡化和消退的过程。其中的“牛”就是指人们错误观念的外在载体；已有的心理问题对应“牛”的不轨行为；“牧童”即我们产生心理问题的主体。牧童放牛的过程就是我们认识自己烦恼、觉知到自己错误观念的过程。骑牛还家，心无牵挂就是找到心理问题产生的原因并根除的过程。认知主义认为，人们的各种心理问题源于自身错误的、矛盾的认知结构，例如合理情绪疗法中的 ABC 理论，认为引发人们情绪和行为的原因并不是突发事件，而是人们对于事件的评价和看法。牧牛图心理观修源于禅宗教法，是通过觉知心理问题的主体及其载体并加以消除从而达到解脱目的，是解决心理问题的一个重要手段。①

二、修身养性

禅宗尤其强调通过道德、身心的修养来规范人的行为，用内心的宁静和安详来保持心理的稳定，使机体的生理机能活动维持在稳定的状态当中，保持身心的健康。② 修身养性亦即“修心养性”，也就是通过坐禅、冥想、静坐等方法来调养身心，有助于对个体注意力的培养和训练，帮助个体达到最佳的意识和心理健康状态。③ 修身养性的心理健康目标不只是防止人们患上心理疾病，更重要的是帮助人们达到一种比较高的境界，所以这一目标更多的是一种预防性和发展性的。在禅宗思想中，有诸多法门用于修身养性。

（一）戒、定、慧

戒律、禅定、慧学，就是我们所说的“三无漏学”，“三无漏学”就

---

① 程志立，张其成．禅宗牧牛图对现代心理治疗技术的启示［J］．医学与哲学（人文社会医学版），2010，31（3）：46－48.

② 谭素芬．中国禅学的心理健康思想探析［D］．长沙：中南大学，2012：1－43.

③ WALSH R，VAUGHAN F．Paths beyond ego：the transpersonal vision［M］．New York：Jeremy P. Tarcher/Putnam，1993.

是对“八正道”的总结。“八正道”中的正语、正业、正命为戒学，正精进、正念、正定为定学，正见、正思为慧学。针对上面所提到的贪、嗔、痴“三毒”，佛学大师告诉我们要经常修行“戒律”“禅定”“慧学”，以此来消灭贪念、嗔念和痴念。

1. **戒律**

《大乘义章》中说道：“言尸罗者，此名清凉，亦名为戒。三业炎非，焚烧行人，事等如热。戒能防息，故名清凉。清凉之名，正翻彼也。以能防禁，故名为戒。”在佛学中，戒、律拥有不同的含义，其中的戒代表着止，即“诸恶莫作”，指的是一切恶的行为的终止，讲究的是人的自制力；律对应的是“持”，即“众善奉行”，讲的是善的行为的保持，讲究的是人的自律性。部派佛教律藏《四分律》《十诵律》《五分律》《摩诃僧祇律》等详细地阐述了部派佛教的戒律，最基础的佛教戒律称为“五戒十善”，核心内容是七佛通戒偈，即“诸恶莫作，众善奉行，自净其意，是诸佛教”。①

2. **禅定**

在佛教与禅宗中，也存在着系统的、成熟的禅定方法，这也是西方学者总是以佛教徒作为研究被试的重要原因。② 禅宗是“心一境性”，③ 所谓“心一境性”就是把心放置在某一处或某一境。禅定就是集中所有的注意力于一处，进入意识高度集中的类似于催眠的状态，从而获得对于禅理佛法的深刻理解和特殊的内在感受。简单的禅定训练对于人们的心理健康具有巨大的功效。④ 禅定主要有两个要点：理入和行入。理入即是借助教理或者禅理来领悟道的宗旨，相信世间万物、一切生命的本性都是清净的，

---

① 陈春国．佛教禅宗对维护心理健康的价值［D］．武汉：华中师范大学，2014：1－45.

② AUSTIN J H. Zen and the brain：toward an understanding of meditation and consciousness［M］. London：Massachusetts Institute of Technology，1998.

③ 孙照金．禅宗和文人画［J］．世界宗教文化，2006（3）：32－34.

④ LANE J D，SESKEVICH J E，PIEPER C F. Brief meditation training can improve perceived stress and negative mood［J］. Alternative Therapies in Health and Medicine，2007（13）：38－45.

只是被各种妄想所遮盖。理入即凝住壁观，集中精神进行壁观，就可以忘却一切事物包括自我，达到天人合一的状态。所谓行入，可以分为四个部分：报怨行、随缘行、无所求行和称法行。禅定就是定学，简称“定”。“知止而后有定，定而后能静，静而后能安，安而后能虑，虑而后能得。”（《礼记·大学》）即将意识高度集中于一个地方，使自己的身心都处于一种安定的状态，利用外在条件的辅助来达到自己内心的平静，然后去思考、体会，最后就会获得顿悟。禅定是一个调息、调神、调心的过程，是通过调整呼吸和身体姿势以达到调整意识的自我控制方法。

3. **慧学**

三学中的“慧学”指的是彻悟宇宙人生真相的般若智慧。慧，也称为智、智慧，音译为般若。[①]《佛学大辞典》提出，慧学是能够帮助个体解除迷惑的一门学问，我们也可以理解为运用个体的智慧去解除内心或对外界的困惑。佛教智慧既是佛教守戒律、习禅宗的理性基础，也是其理性结果。慧学有“闻”“思”“修”的三个连续的阶段。[②]首先就是闻慧，即虚心学习，例如，看书或者听开示都属于闻；其次是思慧，即缜密研究，就是仔细思考、推理分析的过程；最后是修慧，即体会感悟，在万事万物中感受佛法的存在，是存在于内心的智慧。我们会在外界环境刺激和内在感受中获得许许多多的线索或是单调的事实，但是当我们运用自己较为独特的知识背景、生活经验进行理解和解读的时候，可以发现自己智慧的增长。最后是修慧，也就是实践体悟。实践永远是检验真理的依据，当我们所学到的知识或是所收获的智慧运用在实际中的时候，就可以发现这个知识或是智慧的伟大之处或是它的局限之处，由此我们需要视情况而定，具体问题具体分析。

---

① 石文山．佛教般若思想的心理治疗意蕴［J］．心理学探新，2013，33（3）：200－204.

② 陈春国．佛教禅宗对维护心理健康的价值［D］．武汉：华中师范大学，2014：1－45.

（二）慈心禅

佛教禅修技术中的慈心禅主要是通过训练，练习者保持愉悦幸福、平和安详的心理状态。慈心就是用慈、悲、喜、舍四维一体的心理状态来看待自己、他人乃至一切众生，以此处理各种负性情绪，即人生三大根本烦恼——贪嗔痴。慈心禅与正念疗法有类似的作用。简单的训练能增强个体的主观幸福感，以及降低个体对孤独情绪的感受性。①

慈心禅与其他的禅修方法一样，都需要在安静的环境下练习，保持注意力的高度集中，即由止入观的过程。首先，高度集中注意力，并将关注点转向内部世界；其次，当注意力稳定后，便进入观想，通过想象情景来感受愉快、安详的情绪；最后，伴随着这种体验，将全部的注意力转向这种积极的感受当中，并保持一段时间。在经过多次的训练之后，修习者按照由近及远的顺序将这种欣慰安乐的感受逐级扩展开来。②

（三）行脚

永嘉大师“游江海、涉山川，寻师访道为参禅”。行脚又称为游方，无固定的居所，游历四方，寻访名师，参学丛林道场，求真修道。行脚的过程就是证悟所惑的过程，行脚能开悟到法的实相。每个人都有想要证悟的东西，行脚必然包含初心，在求证本心的路上，会遇见种种困惑。穿一双草鞋，拿一个钵，遍走名山大川，直到大觉大悟。③ 通过行走，看过世间的大山大河，见遍人生百态，一切计较都显得不再那么重要，从而改变看待问题的方式，不再拘泥于任何事物，心胸得到开阔，使我们的身心摆脱对外在事物的依赖。除此之外，行脚可以磨炼人的意志，使内心获得独立和自由，从而达到自在解脱的状态。

---

① DUNCAN L, WEISSENBURGER D. Effects of a brief meditation program on well-being and loneliness [J]. TCA Journal, 2003 (31): 4-15.

② 彭彦琴. 慈悲喜舍：慈心禅与心身健康 [J]. 南京师大学报（社会科学版）, 2018, 217 (3): 122-131.

③ 胡秀红. 禅宗教育心理思想特色及其现代意义 [D]. 贵阳：贵州师范大学, 2009: 1-55.

（四）止观

止观是禅定和智慧的合称，其中止即禅定，观即智慧。止观是指抑制内心因贪欲而产生的妄念，使内心保持平静、安定，以集中注意力去观察和思考，从而达到智慧的境界。止观的止是指用智慧消除妄念的生起，让身心轻松安详；观又叫入定，是指用觉悟的心来认识万物的因缘和合的实相。① 止是人们摆脱执着、获得解脱的第一步，观是人们获得般若智慧、自在解脱的核心，是在止的基础上再升起一念。只有“止观均行”，人们才能脱离世间的烦恼获得真正的解脱。

人的种种烦恼和苦难都是由于在世俗的贪念中迷失了自己的本心，使自己清净的本心受到污染，从而产生贪嗔痴三毒。要想摆脱烦恼获得解脱就必须重现自己的本心。重现本心的过程是一个破除执着的过程，通过明心见性和修身养性来达到开悟，超越分别心、执着心，实现由清净本心到染心再到本心的过程。

第四节　禅宗的心理健康教育过程

一般而言，心理健康教育包括几个基本过程：其一，对心理健康问题的诊断，判断心理是否健康；其二，在诊断的基础上治疗心理健康问题，维护心理健康；其三，实现心理健康的终极目标，即塑造理想心理健康状态。

一、心理健康问题的诊断

对心理健康问题的诊断是心理健康教育的前提，而对心理健康问题的

---

① 荆三隆．佛教修心思想与现代文明的互动［J］．五台山研究，2010（2）：21－25.

诊断又有赖于心理健康标准的制定。随着我心理学的发展，将西方心理学理论进行本土化，制定出符合中国社会政治经济背景的心理健康标准显得尤为迫切。① 为此，有不少中国学者提出了立足于本土化的心理健康标准。有的学者认为，在中国文化下，人际关系是人们生活的重心，人际关系的好坏直接决定人们的心理健康状态，因此心理健康的根本标准应该是关系和谐。② 另有学者认为，中国文化强调天人合一，身心和谐，所以中国化的心理健康标准应该更加注重心理和生理、心理与外界环境的和谐。③ 邓云龙综合中国文化的多种元素，提出了16字的心理健康标准。其中，“知己知彼，反应适当”是心理健康的“相”；“真实和谐”是心理健康的“体”；“悦纳进取”是心理健康的“用”。④ 这些观点都在一定的程度上反映了心理健康标准的本土化特征，但在基本思路上仍然处于西方心理健康思想框架的范围之内。无论是强调人际关系的和谐，还是强调身、心、环境的统一，都没有摆脱以自我为核心的范畴。然而，在中国的集体主义文化下，“我”恰恰是一个需要超越的范畴，一个人的终极追求不是执着于如何实现自我，而是摆脱“我执”状态的“无我”境界。所谓禅的三种境界：第一境界是“落叶满空山，何处寻芳迹”，不知道禅为何物，即使就在你身边，也无从下手；第二境界是“空山无人，水流花开”，初窥门径，能以平常心修行，但身边有草叶；第三境界是“万古长空，一朝风月”，大师境界，无相，世界为“一”。第三境界就是禅宗心理健康教育的终极目标。

禅宗认为，心理健康的人是恢复本来面目、重现原本清净圆满，能在精神上自在解脱的人，是一种存在有超越心境的人。世所公认，禅宗是中

① 马翠萍，茄学萍．论中国文化背景下心理咨询的本土化［J］．牡丹江教育学院学报，2008（6）：81－82.

② 金勇，郭力平．心理健康观的历史演进［J］．心理科学，1998（5）：465－466.

③ 陈光磊．心理健康标准与大学生心理健康［J］．南通大学学报（教育科学版），2005（2）：57－60.

④ 谭素芬．中国禅学的心理健康思想探析［D］．长沙：中南大学，2012：1－43.

国的产物，是佛教传入中国后与儒、道融合而生的思想，深刻地影响着中国人文化心理的形成。① 因此，以禅宗的心理健康思想建构中国人的心理健康标准，并以此作为中国人心理健康诊断的依据或许是一种更为合理的做法。

二、心理健康问题的治疗

禅宗提倡的是一种整体健康观，强调身体和心理的整体健康，注重身心与外界环境的和谐。禅宗认为，心理健康的维护有两种方法：护心与对治。当还没有烦恼时进行预防，守护自己清净的本心；有了烦恼后应该进行治疗，重现自己的清净本心。禅宗非常注重对心理健康的保健，“不调御六根，不密守护而不修者，必受苦报”②。禅宗对于心理状态没有达到心理健康标准的也提出了对治的想法，通过改变认知或对行为的训练达到明心见性的目标，实现心理状态从不健康到健康的质的转变。

对于护心，禅宗提出了烦恼即菩提、涅槃之乐、自觉觉他、随缘任运等思想来维护心理健康状态。禅宗的烦恼即菩提，是用辩证的一分为二的思维看待人生的困难和挫折，体现的是一种健康的、具有积极适应意义的挫折观。烦恼和菩提是对立的，烦恼是一种迷失的状态，菩提是一种觉悟的状态。超越迷失和执着就达到了顿悟的境界，实现了从烦恼到菩提的转变。“烦恼与菩提，皆是一心，本无自生，能转烦恼为菩提，即是转识成智义。”③ 涅槃之乐是一种积极的苦乐观，生活中的挫折和困难乃是人生的常态，苦是出离之本，体验了人生现实的苦难，我们的能力和思维将会有质的提升，人通过经历苦难、修行心性，最终达到一种真实、绝对的快乐。自觉觉他的慈悲观是人类的内在积极品质的完全展现，禅的这种自觉

---

① 李泽厚．中国古代思想史论［M］．北京：生活·读书·新知三联书店，2008．

② 谭素芬．中国禅学的心理健康思想探析［D］．长沙：中南大学，2012：1－43．

③ 胡秀红．禅宗教育心理思想特色及其现代意义［D］．贵阳：贵州师范大学，2009：1－55．

觉他的慈悲观既有利于现代人提高精神境界，也有利于人与自我、社会、自然之间的和谐共处，来维持自己的心理健康和和谐的人际关系。随缘任运则是一种因缘观。“因缘和合则生，因缘分散则灭”，禅宗认为世界上的万物都是普遍联系的，是各种过程和联结的集合。“十二因缘”学说提出了缘起性空、诸行无常、诸法无我等思想，当下的本心超越执着心、分别心，学会保持一颗平常心对待得失和挫折，做到顺其自然、为所当为即可保持内心的澄净。①

三、理想心理健康状态的塑造

现代健康心理学认为，心理健康教育的终极目标是帮助人完成自我实现。在禅宗中，人的终极目标是成佛，佛陀是圆满人格的楷模。佛即觉悟者，“觉者为人类最高人格的表现”。禅宗理想人格的四种类型（声闻型、缘觉型、菩萨型和佛陀型）都是断灭烦恼我执，超出生死的圣者。② 这些理想人格有两个特征：一是自利利他的人格范式，通过六法度（布施、持戒、安忍、精进、禅定和般若）伏断烦恼，利乐众生，采用四摄法度（布施摄、爱语摄、利行摄和同事摄）改善人际环境和净化心灵；二是高扬个性的人格核心，强调“如人饮水，冷暖自知”，尊重人的个性。

终极解脱是禅宗人格理想的核心特征。根据《坛经》的思想，禅宗关于心理健康状态中的“终极解脱”思想可以概括为：自由境界和超越精神。③ 超越精神是达到自由境界的重要法宝，人在超越中升华心理状态和提升境界。禅宗的超越精神可概括为如下几个方面：第一，即众生而成佛；第二，即烦恼而成菩提；第三，即无明而成智慧；第四，不舍生死而

---

① 洪修平，陈红兵．论中国佛学的精神及其现实意义［J］．世界宗教研究，2011（1）：13－21.

② 李欣．禅宗人格结构探析、测量及其主观幸福感的相关研究［D］．苏州：苏州大学，2011：1－79.

③ 梁海虹．对禅宗“终极解脱”的心理学分析［J］．西北大学学报（哲学社会科学版），2005，35（3）：64－68.

入涅槃。①

超越分别和执着，重现本心的过程就是一个开悟的过程，禅宗中所说的“悟”并不是逻辑思维中的分析推理的过程，而是特指那些超越逻辑、思辨性极强的非理性的直观。禅宗认为，要知觉自我的本心以及世界的真实本质，就必须改变原有的思维定式，寻求一种新的方法或途径，即我们所说的“开悟”。禅宗中的开悟有渐修和顿悟两种途径，渐修贯穿整个修行的过程，包括顿悟之后仍然也要坚持渐修，没有经过渐修就不会有顿悟，没有渐修的积累便无法成佛。以哲学的观点来看渐修和顿悟，渐修更多的是一种量的积累，而顿悟更多体现了质变。渐修更多地表现在修身养性上，通过练习的熟练从而达到某种改变；而顿悟更多表现在明心见性上，更多的是一瞬间思维或者认知结构的改变。“见一切法，不著一切法，遍一切处，不著一切处。常净自性，使六识从六门走出，于六尘中不离不染，来去自由，即是般若三昧自在解脱”，慧能所说的“悟”就是指心灵处于自由的境界，就是一种自在解脱的状态。从另一个视角来看，“悟”既是人们所追求的一种思想境界，又是一种达到理想境界的途径。

禅宗的心理健康教育过程是一个渐进的过程，首先需要对人们的烦恼和痛苦做出明确的诊断，然后通过护心或对治对心理健康进行维护或干预，最后在此基础上修心养性，直至顿悟成佛，完成终极人格的塑造。

---

①　董群．祖师禅［M］．杭州：浙江人民出版社，1997.

第三章
禅宗思想对心理治疗中“行为疗法”的影响

行为疗法有广义与狭义之分。狭义的行为疗法通常是指通过对病人的一些不良行为进行矫正而达到心理治疗目的的疗法。① 广义的行为疗法认为，人的一些行为和病症是通过条件反射的作用得来的，这些行为和病症是人与环境等不协调的结果，所以这类病症和不良行为是可以通过矫正得以扭转的。可以根据条件反射形成或消退的一些规律和因由对症下药，来矫正不良行为和病症，包括正念疗法、森田疗法、放松静默疗法等。本书所指的行为疗法就是后者，即广义的行为疗法。

第一节　禅宗思想对正念疗法的影响

正念疗法是源于佛教禅修的一种心理治疗方法，它是指让人们关注当下，抛除杂念，回归生命本身。正念疗法主要吸收了禅宗思想的“四念处观”“观法无我”“观空”“破执”等思想，让个体感受到心中所想，回归本然。同时，正念疗法超越了禅宗思想中的认知层面的“明心见性”，更加注

① 郭召良．认知行为疗法入门［M］．北京：人民邮电出版社，2020：22－23．

重行为上的“修身养性”以及通过“坐禅”等方式使正念疗法更加丰富。

一、正念疗法概述

正念疗法，源自南传佛教中的正念禅修，主要指有意识地觉察、活在当下、不做判断。[①][②] 目的、注意、态度是正念的三个基本因素，又称为正念的三轴模型（IAA 模型），目的即为什么要做正念训练，注意是正念训练的核心，态度即如何对待内在与外在的体验，[③] 即如其所是地观察当下所发生的身心内外体验，是一种特殊方式，一种有意的、活在当下即非评判的觉知。[④] 正念疗法逐渐成为很多心理治疗师训练的重要方法之一。20 世纪 70 年代末，美国人 Kabat-Zinn 博士首先在麻省理工学院创立了正念减压疗法，[⑤] 目前，与正念疗法最为相关的两种心理干预方法为“正念认知疗法”以及“正念减压疗程”，这两种疗程均以培育以正念为宗旨的内观修行为主要内容。[⑥] 下面将从人性观、病理观、实现观和治疗观四个方面对正念疗法进行阐述。

1. 人性观

在人性观上，正念疗法主张消弭自我，实现自我的超脱，[⑦] 正念减压疗法创始人 Kabat-Zinn 经常运用“造我”说明个体是通过生活中获得与失去的东西的经验形成自我。从人性观的角度来看，“念”即为把心放在当

---

① KABAT-ZINN J. Mindfulness-based interventions in context: past, present, and future [J]. Clinical Psychology-Science and Practice, 2003, 10 (2): 144 - 156.

② 熊韦锐．正念疗法的人性论迷失与复归［D］．长春：吉林大学，2011：1 - 151.

③ 余青云．基于正念禅修的心理疗法述评［J］．湖北经济学院学报（人文社会科学版），2010，7（2）：28 - 29.

④ KABAT-ZINN J. Mindfulness-based interventions in context: past, present, and future [J]. Clinical Psychology-Science and Practice, 2003, 10 (2): 144 - 156.

⑤ 储冬冬，王青志．正念与心理咨询师的自我运用［J］．社会心理科学，2013，28（5）：65 - 68.

⑥ 石林，李睿．正念疗法：东西方心理健康实践的相遇和融合［J］．中国临床心理学杂志，2011，19（4）：566 - 568.

⑦ 熊韦锐．正念疗法的人性论迷失与复归［D］．长春：吉林大学，2011：1 - 151.

下,① 也就是注意周围发生的一切事物。严格来讲，“正念”的人性观是主体有意识地于每个当下，以不带批判的方式，持续进行观照时所生起的感觉。② 所以，正念疗法的人性观强调将人融入自然，强调本性在当下的具体体现，强调在当下便能真实体悟。

2. **病理观**

在病理观上，正念疗法认为，个体出现心理问题是因为对本然状态的背离，如果人们失去了待在当下，就失去了与本然状态相连接的能力,③ 个体过度执着于过去的消极负面的情绪，同样会导致身心出现问题,④ 当生活中出现刺激事件的时候，执着过度积累，导致矛盾无法调和，则会出现心理疾病，包括我们如何和他人相处，以何种消极的或者积极的经验方式与他人相连接。⑤ 病理观也证明了正念疗法的主要思想——调和矛盾，破除执着，回归本然。

3. **实现观**

在实现观上，正念疗法认为困惑不仅存在于有心理障碍与迷惑的人之中，同样存在于正常人的内心，正念疗法的意图是回归生命此时此地的“当下”，一心一意地去体验、去实践当下所做的事情，从而能够从容地应对生活的压力，达到稳定平和的生活状态,⑥ 也就是说，正念疗法的治疗目标是希望通过有意识地关注当下发生的情绪，抛除杂念，回归生命的本身状态，最终使内心能够达到宽容和柔和的状态,⑦ 以此培养积极乐观的

---

① 李稚琳．正念及其在心理咨询中的研究［J］．当代教育实践与教学研究，2019（24）：223－224．

② 唐隆君．卡巴金正念减压疗法的佛教因素探析：以马哈希内观禅和中国禅宗为考察重点［D］．西安：西北大学，2019：1－64．

③ 李稚琳．正念及其在心理咨询中的研究［J］．当代教育实践与教学研究，2019（24）：223－224．

④ 胡鹏，方丽，丁少锋．佛教静坐治疗抑郁症的临床对照研究［J］．临床医药文献电子杂志，2019（97）：59－61．

⑤ 李稚琳．正念及其在心理咨询中的研究［J］．当代教育实践与教学研究，2019（24）：223－224．

⑥ 张再林．生命的身心一体及其通达之途：心理的“正念疗法”的哲学启示［J］．西北大学学报（哲学社会科学版），2014，44（6）：36－43．

⑦ 李建伟，王立娜，王英．佛教与心理治疗的融合：佛教的禅修方法在心理治疗中的运用［J］．医学与哲学（人文社会医学版），2015，36（11）：31－34．

人性观，体验到生命的价值和意义，增加心灵的充实感，① 从而坦然地接受人生中的成败，面对人生中的挫折和成长。

4. **治疗观**

在治疗观上，正念疗法认为个体无需去关注自己心烦意乱、难以入眠的原因，也无需去用药物或者一些精神类的药物让自身变得正确，更不必在医生的指导下接受电击，从而对“心中的恶魔”产生厌恶情绪，只需要用一个更加轻松的“去做而不去想”的方式，停止对于“问题所在”之外的思考，回归生命“此时此刻的当下”，把意识聚焦到某一具体对象上，抛除杂念，专注于这个具体对象。② 正念疗法主张借助佛教禅修中的“超觉静坐”、“打禅”及初期佛教的“正念修行”或称“内观修行”等倡导为身体或心理疾病的治疗提供助力。这些倡导逐渐成为现代心理治疗所关注的治疗技术方法。

二、正念疗法对禅宗思想的吸收

《华严经》有云：“无上正等正觉。”要悟得这个道理，必须一破“我执”，不要执着于“自我”的幻相；二破“法执”，不要执着于佛教的经典，因为一切皆空，连经典本身也是空；三破“空执”，最后连“空”的境界也不能执着。只有“破执”，才能“开悟”，只有达到“开悟”的境界，才能够解脱。下面将从四个方面来阐述正念疗法对禅宗思想的吸收。

1. **正念疗法对禅宗“四念处观”思想的吸收**

正念疗法源于初期佛教禅宗的“四念处”修行。四念处是指四个安顿心念的处所，又称为四念处观。③ 四念处是指身、受、心、法，就是“观身不净、观受是苦、观心无常、观法无我”，以此破除常、乐、我、净的

---

① 释心平，储冬冬．当代佛教正念禅修对人生影响之研究［J］．法音，2014（9）：46－50.

② 张再林．生命的身心一体及其通达之途：心理的“正念疗法”的哲学启示［J］．西北大学学报（哲学社会科学版），2014，44（6）：36－43.

③ 圣严法师．五停心·四念处［M］．北京：华夏出版社，2011.

颠倒。之后，个体便不会被贪爱与忧愁缠绕，正是因为执着于四颠倒，才会产生烦恼忧愁。

一身念处，观身为不净也。身为父母所生之肉身，身之内外，污秽充满，无些净处，故观身不净。二受命处，观受为苦也，受为苦乐之感，乐从苦之因缘而生，又生苦乐，世间无实乐，故观受是苦。三心念处，观心为无常也，心为眼等之心识，念念生灭，更无常住之时，故观心无常。四法念处，观法为无我也，法为除上三者所余之一切，法无自主自在之性，故观法无我。

——《杂阿含经·卷五》

当我们感受外界环境时，我们的心就开始起作用，然后我们的背景经验会对外界环境刺激进行深层次的加工。比如看书时听到声音，就是耳朵出现的感受。我们要用心观察这个作用，然后去思考觉知。佛陀说心念的生灭十分神速，也最难观察，因此，佛陀曰四念处要做到观心无常。

不生不灭，于一切时中，念念自见，万法无滞，一真一切真，万境自如如。①

凡夫即佛，烦恼即菩提。前念迷即凡夫，后念悟即佛。前念著境即烦恼，后念离境即菩提。②

若真修道人，不见世间过。若见他人非，自非却是左。他非我不非，我非自有过。但自却非心，打除烦恼破。③

——《六祖坛经》

---

① 坛经·行由品第一［M］．尚荣，译注．北京：中华书局，2013：17－18.
② 坛经·般若品第二［M］．尚荣，译注．北京：中华书局，2013：46.
③ 坛经·般若品第二［M］．尚荣，译注．北京：中华书局，2013：61－62.

在《坛经》中，“佛性”的解释如下，首先“佛性”即本性。在《坛经·行由品》中，慧能引用《涅槃经》称：“佛言善根有二：一者常，二者无常，佛性非常非无常，是故不断，名为不二。一者善，二者不善，佛性非善非不善，是名不二。蕴之与界，凡夫见二，智者了达其性无二，无二之性即是佛性。”① 《坛经·忏悔品第六》又云：“除真除妄，即见佛性。”“佛性”就是世人修炼成佛的可能。慧能认为众生都有佛性，所以众生都能成佛。②《坛经·般若品第二》也提出“万法尽在自心”，又云“菩提本自性，起心即是妄；净心在妄中，但正无三障”。③

正念疗法吸收了禅宗中的“四念处观”的思想，强调我们在进行修身念处时，要知道身体在做什么，从人的本心出发，从每天的行、住、坐、卧中去观察感受我们的身体。这样把更多的意识集中于当下所发生的事情中，注意每时每刻对注意有意识地进行调节，④ 使个体更多时候能够感受到心中所想，感受内心的真实诉求。

2. 正念疗法对禅宗“观法无我”思想的吸收

《坛经》认为，我们出现贪嗔痴等烦恼是因为本心被遮蔽了，众生过分执着于一念，但佛法中认为一念只是法尘，所以要求众生做到观法无我。色尘也是一样的道理，但是大多数人把色尘看作外在，法尘看作自身，因此，佛陀讲观法无我，是说观一切法都能做到这一点。

> 一切经书，因人说有，缘其人中有愚有智，愚为小人，智为大人。愚者问于智人，智者与愚人说法，愚人忽然悟解心开，即与智人无别。善知识，不悟即佛是众生，一念悟时，众生是佛。故知万法尽

---

① 坛经·行由品第一［M］. 尚荣，译注. 北京：中华书局，2013：34.
② 坛经·忏悔品第六［M］. 尚荣，译注. 北京：中华书局，2013：105.
③ 坛经·般若品第二［M］. 尚荣，译注. 北京：中华书局，2013：56.
④ 阮功信. 正念禅修对于心理健康的维护［J］. 智富时代，2016（4）：406－408.

在自心，何不从自心中，顿见真如本性？《菩萨戒经》云：我本元自性清净，若识自心见性，皆成佛道。《净名经》云：即时豁然，还得本心。善知识，我于忍和尚处，一闻言下便悟，顿见真如本性。是以将此教法流行，令学道者顿悟菩提，各自观心，自见本性。若自不悟，须觅大善知识，解最上乘法者，直示正路。是善知识有大因缘，所谓化导令得见性。一切善法，因善知识能发起故。

——《坛经·般若品第二》①

慧能认为，一切道法都在现实中有所对应，因此只需要体验现在，便能够顿悟本性，修炼成佛。② 正念疗法的思想与“求其放心”以及“大人者不失其赤子之心”在身心状态回归上十分相似，其思想和除去计较、求索等种种贪念的“禅定”十分相似。正念疗法强调人之所以出现心理疾病，是因为蒙蔽了本心，过分考虑外在。因此，正念疗法在做病理观分析时，认为一切都可向内寻找，从内心出发，揭开被覆盖的内心，也就是在观一切法时都应无我，即禅宗中的观法无我。

3. 正念疗法对禅宗“观空”思想的吸收

正念疗法吸收了禅宗中的“观空”思想，强调放下世间琐事的种种好恶，全身心投入当下，感受当下发生的一切情绪，最终能够实现生命的本然状态，也就是个体体会到有完全能够感受接纳现在生活的能力，感受到现在所做的一切才是最重要的，这样达到的心态是一种轻松自由的状态，这与六祖慧能所提到的“本来无一物，何处惹尘埃”有着异曲同工之妙。③

---

① 坛经·船若品第二［M］. 尚荣，译注. 北京：中华书局，2013：56.

② 张再林. 生命的身心一体及其通达之途：心理的“正念疗法”的哲学启示［J］. 西北大学学报（哲学社会科学版），2014，44（6）：36－43.

③ 冯宏维. 禅宗哲学在心理疗法的应用［C］//武汉大学哲学学院. Proceedings of Conference on Psychology and Social Harmony（CPSH2012），2012：307－313.

所谓观空，便是指对无我、空寂的观想与体验，即识见自己的空寂本性。世间万物都不是为我而存在，我只不过是一种对外界的体验感，所以自我也并不是一成不变的。人们在这种体验中，逐渐可以感受到生命和其他事物的联系，认识到自我和其他事物的联系都是其他因缘促成。同时，自我本身也是因缘之一，同样也在联系、影响着其他事物。

> 见而知之，智也。智（知）而安之，仁也。安而行之，义也。行而敬之，礼也。仁，义礼所由生也，四行之所和也。和则同，同则善。颜色容貌温变也。以其中心与人交，悦也。中心悦于兄弟，戚也。戚而信之，亲也。亲而笃之，爱也。爱父，其攸爱人，仁也。
>
> ——《郭店竹简·五行》

观空的状态就是体验一种自然的生命态度，以此来达到相互联系、相互依存的共生状态。这也就是庄子所说的“天人合一”，同时禅宗中所谓的本然状态也是指这种状态。在这种相互联系、相互依存的关系中，让我们不再拘泥于自我，也让我们心中的烦恼忧愁消失，逐渐体会到生命的真正愉悦和快乐。①

因此，正念疗法不仅可以提高个体的一般注意水平，还可以实现回归人性本然状态的目标。

4. 正念疗法对禅宗“破执”思想的吸收

正念疗法在治疗上吸收了禅宗开悟论的破执的思想，认为人原本是非常简单、纯粹且自然的，如果不是被外界困苦所干扰，人也不会产生心理上的种种困苦或烦恼。也就是说，当我们把自己看作现实存在的实体时，

---

① 张再林．生命的身心一体及其通达之途：心理的“正念疗法”的哲学启示［J］．西北大学学报（哲学社会科学版），2014，44（6）：36－43．

我们会看到自己身上很多不完满之处，在看到自身的许多缺陷之后，治疗观强调我们要与自身和谐相处，善待自己，不要勉强自己做不可能的事,①接受自己本来的样子，这个治疗的过程就是设法去破除我执与法执的过程，以此希望能够达到人性原本的自由状态。这个状态就是心理的和谐状态，在这种状态中，心理障碍或是疾病都是难以产生的。

禅宗中的开悟论强调通过“破执”的方式来去除自己身上的种种妨碍和会掩盖住自身本性的东西，让心灵恢复本性，最初的、清净的、自然的本性。破执就是破除一切执着的观念、想法、念头，因为任何一种想法都是在一定条件下才能成立的。当这个条件发生改变或者消失，那么念头也会随之消失。禅宗关于“破执”的说法被称为“四料简”。第一是“夺人不夺境”，是针对我执较严重的人。② 这类人不以自己的喜恶来评判事物，而以客观事物为主,③ 因此对于他们来说，重要的就是破除我执。第二是“夺境不夺人”，是针对法执较严重的人。④ 第三是“人境俱夺”，是针对那些我执法执均较严重的人。⑤ 第四就是“人境俱不夺”，也就是那些种种执着都不严重的人。⑥ 这种情况不破除也是可以的。

三、正念疗法对禅宗思想的超越

正念疗法在吸收禅宗思想的基础上，又对禅宗思想进行了超越，具体体现在四个方面。

---

① 冯宏维. 禅宗哲学在心理疗法的应用［C］//武汉大学哲学学院. Proceedings of Conference on Psychology and Social Harmony（CPSH2012），2012：307－313.

② 王荣益. 临济“四料简”“四照用”略论［J］. 五台山研究，2007（1）：42－48.

③ 冯宏维. 禅宗哲学在心理疗法的应用［C］//武汉大学哲学学院. Proceedings of Conference on Psychology and Social Harmony（CPSH2012），2012：307－313.

④ 王荣益. 临济“四料简”“四照用”略论［J］. 五台山研究，2007（1）：42－48.

⑤ 王荣益. 临济“四料简”“四照用”略论［J］. 五台山研究，2007（1）：42－48.

⑥ 王荣益. 临济“四料简”“四照用”略论［J］. 五台山研究，2007（1）：42－48.

1. **在认知层面上**

在正念疗法的理论中更多强调的是接受和认知的融合。[①] 而在禅宗的思想里，对于认知的内容以及两者之间的关系是很少提及的，正是这种“去宗教性”的价值定位，使得正念疗法在很大程度上脱离了与宗教的内在联系。[②]

正念疗法在认知上有“明心见性”的发现，[③] 也就是运用禅宗的思想，让人们认识到本性使然，同时发现没有什么事情是一成不变的，人的本性是清净的，人们的心理出现问题，原因在于自己过分执着于自我和外界，深陷其中，不断缠绕，所以认识到初心，也就是人性本然的状态，才能摆脱烦恼。正念在禅宗中是指“善所缘不散乱之谓”，它既指念于当下而“不散乱”，又在讲所系者为“善所缘”。[④] 所以，正念疗法下的禅修并不是单纯的思想上的练习，也包括了“善所缘”的要求。正念禅修在不断发展之后逐渐成为一种思想的艺术，不仅仅被看作个体对身心状态的一种认识。

2. **在行为层面上**

正念疗法在行为层面上超越了禅宗的“修心养性”。[⑤] 正念疗法使用禅修的方法来治疗患者，目的在于帮助个体消除真实的烦恼来解决生活中的琐碎问题，而不仅仅是突破本性的局限。以正念为基础的干预已被发现对抑郁症和焦虑症患者有效，初步证据表明，它可能对强迫症患者也有帮

---

① 李建伟，王立娜，王英．佛教与心理治疗的融合：佛教的禅修方法在心理治疗中的运用［J］．医学与哲学（人文社会医学版），2015，36（11）：31－34．

② 杨雨晨，任安波．正念疗法的去宗教化进程［J］．科学与无神论，2018（4）：40－44．

③ 张世程．悟：明心见性，发现自我［J］．中学生百科，2017（4）：4－5．

④ 石文山．美国正念禅修的心理学化实证研究［J］．徐州师范大学学报（哲学社会科学版），2012，38（5）：146－151．

⑤ 杨光文．刘一明的修心养性思想及其现代思考：以《神室八法》为例［J］．宗教学研究，2004（4）：31－37．

助。因此，正念训练能够有效地增进身心健康，辅助种种身心疾病的治疗。①

3. **在生命意向的解读上**

禅宗思想中的境界论是指实现生命的意向，也就是我们在做每一件事的时候能够达到的全神贯注、心无旁骛的状态。“正念疗法”之于生命的意向的解读，超越了禅宗中生命达到忘我状态的体现，正念疗法既可看作对禅宗思想的皈依，又使自己不无新潮地连着西方当代哲学的最新理论发现。② 当在生命领域提及“显现者自显现”时，西方有学者发现，我们生命中具有独特性的方面不是唯心主义学派所谈到的“心”的观点，也不是唯物主义所讲的“现实”，实际上是我们生命状态中的“意”，它是指“生命的意向”。这也是正念疗法对于禅宗的超越性所在，它作为一种“能在”式而非“实在”式的“走向世界之身”，③ 以其“可能”适成其“本能”，以其“潜在”适成其“现在”，以其“内生”适成其“外成”，以其“非心非身”适成其“亦心亦身”。④

4. **在治疗方式上**

正念疗法超越了禅宗中的“坐禅”，在禅宗中提出的放平呼吸，观察呼吸长短，慢慢使来访者放松下来的基础上，进一步要求练习者对周围环境不加批判地接纳，⑤ 这样使注意力慢慢集中于当下，能对治疗效果产生更好的影响。通过一定的行为方法，如冥想、禅定等，体验无我的生存状态，让个体在冥想中感受生命的原始状态，从根源上进行心理问题的预防

---

① CALDWELL K, HARRISON M, ADAMS M, et al. Developing mindfulness in college students through movement-based courses: effects on self-regulatory self-efficacy, mood, stress, and sleep quality [J]. Journal of American College Health, 2010, 58 (5), 433 – 442.

② 张再林．生命的身心一体及其通达之途：心理的“正念疗法”的哲学启示［J］．西北大学学报（哲学社会科学版），2014，44（6）：36 – 43.

③ 张再林．从西方现代现象学看中国唯识论［J］．学术月刊，2002（3）：31 – 36，40.

④ 张再林．生命的身心一体及其通达之途：心理的“正念疗法”的哲学启示［J］．西北大学学报（哲学社会科学版），2014，44（6）：36 – 43.

⑤ 杨雨晨，任安波．正念疗法的去宗教化进程［J］．科学与无神论，2018（4）：40 – 44.

和治疗。正念疗法不仅适用于高压力人群，也可用于心理疾患的治疗，有研究者发现正念疗法治疗抑郁症有很好的疗效，在情绪调节自我接纳、改善睡眠、提高自我价值感等方面有显著的促进作用。①

第二节 禅宗思想对森田疗法的影响

森田疗法主要吸收了禅宗思想中的“平常心是道”“烦恼即菩提”“不执着”“正受不受”等思想，强调在面对症状时不要过分执着。同时，森田疗法超越了禅宗思想的神学色彩，把“当头棒喝”“身心合一”等思想运用到心理治疗领域，突破了心理治疗的局限。

一、森田疗法概述

森田疗法是由日本精神医学家森田正马创立，经高良武久、大原健士郎、长谷川洋三和田代信雄等人的临床应用和理论加以完善，逐渐成为心理学领域很重要的临床治疗手段之一。森田疗法的核心思想是“顺其自然，为所当为”，它具有浓厚的东方色彩，通过解决个体“精神过分集中”和“感觉过分敏锐”的问题，从而达到治愈的目的。对于治疗神经症，尤其是强迫症、焦虑症等有较好疗效。② 20世纪80年代，我国学者钟友彬教授发表了第一篇详细介绍森田疗法的综述性文章，此后，有关森田疗法的文章陆续在我国发表，森田疗法逐渐与中国禅宗思想相结合，不断地发展与完善起来。

---

① 刘桂萍．正念疗法的概述及其评述［J］．教育教学论坛，2015（9）：80－81．

② 李振涛，靳陶聪．住院森田疗法治疗神经症［J］．中国心理卫生杂志，1988（5）：205－208．

1. **人性观**

在人性观上，森田疗法认为，人的本性不是一成不变的，处于随时都在变化的一种状态。在个体的一生当中，没有任何人是一成不变的，我们都是在不断流动的过程中把握生命的复杂性。森田疗法的人性观认为个体的生命就是在形成中不断变化的。因此，发现个体的心理疾病是要在外界与自我的不断变化的状态中去寻找，在变化里把握流动，理解个体的心理发展是变幻莫测的。

2. **病理观**

在病理观上，森田疗法认为，神经症患者的心理活动可以用一个词来概括，即“不自然”。① 神经症患者经常把客观与主观、现实与理想、感性和理性混淆在一起。② 也就是说，神经症出现的根本原因是来访者以主观愿望控制客观现实而引起的精神拮抗作用的加强，③ 个体的意识中有两种力量的拮抗，想要做某事的力量和一种相反的摆脱这种渴望的力量。正是因为这两种力量的拮抗作用，从而导致个体产生不适感，出现相应的疾病，例如个体在失眠时，就会产生一种对抗的力量感，而这种症状越想摆脱就越是严重。④

3. **实现观**

在实现观上，森田疗法认为，采取“顺其自然，为所当为”的治疗目标，利用实际行动转移了个体的注意力，坚持带着杂念去做一些事情，不知不觉中就会把注意力转移到了行为本身上。⑤ 森田疗法强调通过自己的行动、体验而产生领悟，从而走出阴影，⑥ 在长期坚持做下去的过程中，

---

① 陆敬闪．禅宗思想对心理治疗的启示［D］．南京：河海大学，2007：1－54.

② 李慧．论禅宗心性论：从心理治疗角度探析［D］．郑州：郑州大学，2011：1－45.

③ 李逢战，路惠捷，杨群，等．森田心理疗法在我国的本土化应用［J］．中国医药导报，2017，14（24）：54－57.

④ 熊捍宏．森田疗法与佛学思想关系的探讨［J］．广西中医学报，2004（2）：45－46.

⑤ 郝红杰．森田疗法：来自日本的认知行为疗法［J］．日本问题研究，2007（4）：44－47.

⑥ 李慧．论禅宗心性论：从心理治疗角度探析［D］．郑州：郑州大学，2011：1－45.

患者也就会逐渐形成习惯，痛苦也就会逐渐减轻，自信就会被重新唤醒。这也正是森田疗法所要实现的，症状本身并不能够继续构成威胁，哪怕患者还能够感受到症状的存在，但也并不再对日常生活形成障碍的状态，慢慢患者可以接受症状及相随的苦恼，自觉地走进现实世界。①

4. **治疗观**

在治疗观上，森田疗法把治疗的着力点放在改变情绪和行动上，② 主要观点是“顺其自然，为所当为”，让来访者弄清病症的根源，从根源上让心理活动产生变化，以推动治疗，对治疗结果产生积极作用。森田疗法主张采取“不问”的态度，当症状出现时，要顺其自然，③ 让患者正常地去沟通交流，正常地生活，不去想症状所在。④ 顺其自然是指要认识到自己的病症是主观想象的东西，要正常地接受认识客观事物的过程。森田疗法主要的分类是住院治疗和门诊治疗。⑤ 其中，住院治疗是森田疗法的核心治疗方式，主要分为绝对卧床期、轻工作期、重工作期和生活训练期这四个时期，这种治疗方式主要为给患者提供一种新的生活环境，在治疗者的指导下，让患者获得领悟和新的生活体验。它的主要治疗特点是不问过去，注重现在，不问症状，重视行动，在生活中指导，在生活中改变。

二、森田疗法对禅宗思想的吸收

1. 森田疗法对禅宗“平常心是道”思想的吸收

所谓平常心，是指无论身处顺境或逆境都可以波澜不惊，平和地做

---

① 陈艳芳．中医心理疗法与森田疗法的比较研究［D］．哈尔滨：黑龙江中医药大学，2007：1－52.

② 陈艳芳．中医心理疗法与森田疗法的比较研究［D］．哈尔滨：黑龙江中医药大学，2007：1－52.

③ 郝红杰．森田疗法：来自日本的认知行为疗法［J］．日本问题研究，2007（4）：44－47.

④ 李慧．论禅宗心性论：从心理治疗角度探析［D］．郑州：郑州大学，2011：1－45.

⑤ 马文有．住院森田疗法家庭病床治疗神经症尝试［J］．中国行为医学科学，2005，14（3）：233.

事，在平时的生活里，不去关注事情的结果，在生活中修炼自己：不以物喜，不以己悲，安住当下。平常心是清净心，是慈悲心，是喜悦心。禅宗中的“平常心是道”强调要专注当下的生活，在生活中面对一切，做好眼下的每一件事，生活中的问题自然会得到解决。①

> 是故，须菩提，诸菩萨摩诃萨，应如是生清净心，不应住色生心，不应住声、香、味、触、法生心，应无所住而生其心。
>
> ——《金刚经》②

大意是说须菩提，发了菩提心的大乘菩萨应如是生清净心，不要被世间的贪嗔痴所转，不要执着色、声、香、味、触、法，应无所执着而生清净心。无所住就是要断除这六尘（色、声、香、味、触、法），然后生起来的是清净心。这句话中的关键是“住”和“心”二字：住，指的是人对世俗、对物质的留恋程度；心，指的是人对佛理本性的领悟。人应该对世俗物质无所执着，才有可能深刻领悟佛。

森田疗法说生命不是一成不变的，让我们要在这种流动中去创造，去生活，去体验，同时，它还关注个体的行为，通过平时的行为、体验来对生活产生感触，达到心理治疗的效果。森田疗法强调要在实践活动中逐渐体会“顺其自然，保持平常心”的道理，当个体领悟到这个道理，症状自然会得到缓解。

2. 森田疗法对禅宗“烦恼即菩提”思想的吸收

森田疗法认为，个体出现问题是主观愿望和客观现实的力量相互拮抗导致的，治疗的目的主要在于打破疑病因素和精神交互，减轻思想上的负担。“顺其自然”是禅宗中的“顿悟”状态，所谓“顿悟”就是指让个体

---

① 熊捍宏．森田疗法与佛学思想关系的探讨［J］．广西中医学报，2004（2）：45－46．

② 坛经·心经·金刚经［M］．丁小平，导读注译．长沙：岳麓书社，2019：231－232．

体验到控制事情的感觉，能够感受到自身所处的位置，① 不必强求，顺应本心，这正是吸收了禅宗“烦恼即菩提”的思想。人的精神世界中存在的渴望做某事的力量和极力反对这种渴望的力量正是像“烦恼”和“菩提”一般，是两种相对的力量，也是这两种阴阳相对的力量在我们的精神中相互拮抗，从而才导致个体出现焦虑失眠等精神症状。

禅宗认为，我们一般人的意识中，烦躁不安、痛苦忧虑就是烦恼，我们之所以会产生痛苦迷失，就是因为在生活的琐碎中存在烦恼。禅宗的思想里“烦恼”的含义有很多种，禅宗把一切打扰个体内心平静，并让其产生困顿、烦恼的精神都称为“烦恼”，因此，个体在生活中会产生各种欲望、贪念、不满，这些都可以称为“烦恼”。

菩提是梵文的音译，意思是觉悟、智慧，在佛教中是指断绝烦恼，破迷开悟，如人大梦方醒，大彻大悟，恢复了自性的光明，达到了涅槃。所以佛教中常讲菩提之路、菩提大道，这也是佛教弟子修行的目的所在。

> 圆顿者，初缘实相，造境即中，无不真实。系缘法界，一念法界，一色一香，无非中道。己界及佛界，众生界亦然，阴入皆如，无苦可舍，无明尘劳即是菩提，无集可断。边邪皆中正，无道可修，生死即涅槃，无灭可证。无苦无集，故无世间；无道无灭，故无出世间。纯一实相，实相外更无别法。
>
> ——《摩诃止观·卷一》

烦恼和菩提，本是一对相反的概念，为什么在禅宗思想中又说“烦恼即菩提”呢？因为人人皆具佛性，我们的自性里本就具有智慧、菩提，因为妄想、执着、无明以及无始以来的业，让我们产生了诸多烦恼，障碍了菩提智慧的显现。只要我们一念觉悟，放下烦恼，菩提智慧就显现出来

---

① 温泉润．森田疗法在中国的发展［J］．健康心理学杂志，2001，9（3）：232－235.

了；我们一念迷惑，菩提就又不见了，烦恼就又产生了。所以，烦恼和菩提是在一念觉悟与迷惑之间，互相转换，相辅相成的。菩提要在烦恼中修，烦恼要因菩提而灭。① 没有烦恼，也就没有菩提；没有菩提，也就没有所谓的烦恼了。好比我们古人的阴阳学说，也是对立统一的一对，没有阴，哪有阳？没有阳，又何谈阴？

3. 森田疗法对禅宗“不执着”思想的吸收

森田疗法的实现观认为，最终人格达成的理想状态是顺其自然的，在禅宗中提出的“空”“不执着”“烦恼即菩提”也是说明的这一思想。禅宗的思想是让人不要过分执着。如果个体不过分执着于自身的痛苦和烦恼，那么就可以破除“精神交互作用”，从而解决自身的病症。

森田先生经常用禅语指导患者，如“平常心是道”“杂念即无想”“烦恼即解脱”“不安常在”“正受不受”，还亲自手写了佛教经典《金刚经》的关键语“应无所住而生其心”去指导神经质者。② 森田学派的学者们认为，释迦牟尼也有神经质性格倾向，是“大疑而后大悟”。《金刚经》的主要宗旨是解除人们的“我执”和“法执”，让人们得到自由的生命体验的“大自在”。禅宗六祖慧能说“不思善不思恶却又不断百思想”，这句话对神经质的人特别有指导意义，与森田服从精神的自然状态的原则完全一致。

4. 森田疗法对禅宗“正受不受”思想的吸收

森田疗法吸收了禅宗“正受不受”的思想，主张采用“不问”的态度来对待疾病。高良武久认为，顺应自然是服从和认识客观事物，认识到自己的症状并不是真实存在的。治疗者要帮助患者认识到自己现在的症状是很普遍的，是一种在别人身上也都会体验到的感觉，如果患者感到恐

---

① 王玉岭．烦恼即菩提［J］．健身科学，2014（1）：19.

② 蓝纯，高秀平．从认知视角看《心经》和《金刚经》中的概念隐喻［J］．外语教学与研究，2016，48（1）：17－28.

惧，也并无大碍，就暂时维持这种感觉，如果感到痛苦，也暂时忍受痛苦的折磨，总之，要接受现实。①

禅宗的“正受不受”，即全盘接受现状就会变成没有受其害的状态，不愿意接受现状反受其害，直接接受就会成为没有接受的状态。森田疗法认为，精神拮抗作用的存在使正受（全盘接受）成为理想状态，从这个意义上说，没有人不是神经质的。正常接受自身问题的态度应该是不会过分在意症状的主观体验；同时，因为自己不再关注这种感觉，从而自身的注意也不会集中在这些症状上，正是这样的方式让症状不再相互拮抗，得以减轻直至消除。

三、森田疗法对禅宗思想的超越

森田疗法在吸收禅宗思想的基础上，又对禅宗思想进行了超越，具体体现在四个方面。

1. 在心态调适上

禅宗思想所追求的本性强调心灵与宇宙是冥合的，同时大彻大悟的心灵是自由的。② 禅宗思想反复强调人与自然的和谐，强调在本心上追求不执着于虚妄的世界，在生命的流动中把握内心与外界的统一。佛法认为“因缘”是万物的根源，“因缘”是指形成此事物所具备的条件。如果想要改变“因缘”，那么只需要改变事物的某种条件就可以达到目的，而不需要改变事物的所有条件。

森田疗法在禅宗思想“平常心是道”的基础上，将这种安于当下的思想深化为自我内心监测的技术，强调要求人们在变化中把握生命，不断增强对生活的适应感，积极主动地去迎接生活的挑战，处理生活的矛盾。森田疗法强调，我们的情绪会随外界发生一些波动和变化是正常的现象，我

---

① 郝红杰．森田疗法：来自日本的认知行为疗法［J］．日本问题研究，2007（4）：44－47.

② 李慧．论禅宗心性论：从心理治疗角度探析［D］．郑州：郑州大学，2011：1－45.

们要学会坦然面对，并接受这种变化，不要强迫和勉强什么。①

2. 在病理分析上

在病理分析上，禅宗的迷失论强调个体之所以会出现各种烦恼、疾病，是因为对待所有事情过于执着，没有看清禅宗所谓的“本来面目”，也就是“明心见性”，② 人的痛苦多半是迷失在“主观世界”的深渊里。

森田疗法反对过分专注，认为它干扰了人们的通达，③ 这正是超越了禅宗中“执着”的定义，认为疾病的诱因是病人的疑病因素。疑病因素是一种精神上的倾向性，④ 在偶然事件的诱发下，通过精神交互作用，形成了神经症。通过打破这种精神交互，即可消除患者思想中的矛盾。所以，森田疗法中的“森田佛禅治疗法”，⑤ 就是对禅宗思想超越的具体体现，森田佛禅治疗法也就是通过“顺应自然”的方式来达到“为所当为”的目标。

3. 在实现目标上

在实现目标上，森田疗法对禅宗思想的超越主要表现在森田正马把禅宗的观念引用到“顺应自然”中，认为开悟就是在开“自然道”，这样才能见山是山，见水是水。⑥ 在实现人生的目标上，森田正马对患者的建议是为所当为，忍受直面当下的问题，克服当下的困苦才能达成最终目标，这间接超越了禅宗中“渡过苦海，才能到达彼岸”的意味。另外，森田疗法超越了禅宗中“业”的理解，森田正马提出，把人生中的不顺看作一种业，逃避只会越陷越深，得不到改善，⑦ 所以应该把不顺看作理所当然，

---

① 李慧. 论禅宗心性论：从心理治疗角度探析 [D]. 郑州：郑州大学，2011：1-45.

② 阮氏桃. 禅宗与现代心理疗法 [D]. 武汉：华中师范大学，2007：1-72.

③ 毕秀芹. 森田疗法理论渊源探究 [J]. 医学与哲学，2020，41 (4)：46-48，52.

④ 李逢战，路惠捷，杨群，等. 森田心理疗法在我国的本土化应用 [J]. 中国医药导报，2017，14 (24)：54-57.

⑤ 阮氏桃. 禅宗与现代心理疗法 [D]. 武汉：华中师范大学，2007：1-72.

⑥ 阮氏桃. 禅宗与现代心理疗法 [D]. 武汉：华中师范大学，2007：1-72.

⑦ 阮氏桃. 禅宗与现代心理疗法 [D]. 武汉：华中师范大学，2007：1-72.

带着这种感觉生活，把它视为生活的一部分，这个道理就是“面对”，也正是禅宗中“顿悟”的精髓。所以，森田疗法在认知上超越了禅宗的“顿悟”的观点，随着认知模式的转变，逐步打破心理治疗的阻碍，引导患者正视自身的问题，做好该做的事情，消除负性情绪与自卑感。①

4. **在治疗手段上**

首先，森田疗法借鉴了禅宗思想中的“当头棒喝”等方式，将禅宗的体验移植于疗法之中，② 在治疗的过程中打断患者不合理的想象，让其自然而然地产生新的想法。其次，森田疗法超越了禅宗的神学色彩，把禅宗的“心身合一”思想和道家的无为思想在心理治疗等多个领域进行应用，对于心理疾病患者康复期的恢复具有良好促进作用。③ 最后，森田疗法的治疗方式还注重给患者提供疗愈心理的良好环境，并且由专业人员进行指导，这对于处于康复期的心理疾病患者有很大的帮助。而禅宗的理念是安住当下，对环境是没有任何要求的。

第三节　禅宗思想对放松静默疗法的影响

放松静默疗法主要吸收了禅宗思想中的“应无所住而生其心”“禅定”等思想，对于刚刚接触或者初步修行的人来说是很好的放松方式。同时，放松静默疗法超越了禅宗中“平常心是道”、过分执着焦虑的观点以及简单的“坐禅”的修行方式，将禅宗与深度放松、音乐放松训练等相结

---

① 张俊峰，戴炜，郭青山，等．改良森田疗法治疗焦虑障碍临床疗效研究［J］．神经损伤与功能重建，2019，14（8）：418－420.

② 毕秀芹．森田疗法理论渊源探究［J］．医学与哲学，2020，41（4）：46－48，52.

③ 陈艳芳．中医心理疗法与森田疗法的比较研究［D］．哈尔滨：黑龙江中医药大学，2007：1－52.

合，运用到各个领域中，解决现代人的精神焦虑问题。

一、放松静默疗法概述

放松静默疗法是一种源于古代的自我心身保健方法，又称松弛疗法、放松训练，是指在一定的练习之下，通过冥想、呼吸等方式，让个体学会如何调节和控制自身的生理和心理活动，是一种心理放松的治疗方法。放松静默疗法是在心理学实验的基础上建立和发展起来的咨询和治疗方法，是行为疗法中使用最广泛的技术之一。[①] 具体方法有认知或冥想放松法、腹式呼吸放松法、渐进性肌肉放松法、生物反馈法等。[②] 近 20 年，放松静默疗法逐渐成为现代人应对生活压力的一种有效的应激手段和方式。下面将从人性观、病理观、实现观和治疗观四个方面对放松静默疗法简单进行阐述。

1. 人性观

在人性观上，放松静默疗法强调人的本性无善恶之分，人的一切行为都可以通过学习有意识地进行控制。有研究认为，人的本性包括“情绪”和“躯体”两个方面，如果改变一个人的“躯体”的反应，那么“情绪”也会随之改变。[③] 静默，是指个体将注意、意识等集中于一种声音、一个客体、一件事物上的训练方式，通过对人的意念等意识行为进行控制，从而间接地改变主体的体验，进一步改善个体的情绪状态。

2. 病理观

在病理观上，放松静默疗法认为，心理的健康有时在于静止，它需要

---

① 孟祥寒．正念训练和放松训练对中学生考试焦虑的干预研究［D］．天津：天津师范大学，2013：1－44．

② HAN T R，PAIK N J，PARK J W．Quantifying swallowing function after stroke：A functional dysphagia scale based on videofluoroscopic studies［J］．Archives of Physical Medicine and Rehabilitation，2001：677－682．

③ 王珊珊，陈晶晶，王磊，等．放松训练的研究现状与展望［J］．实用医药杂志，2012（9）：852－854．

适当的安静。[①] 个体出现各种心理问题有时往往是因为心理过于紧张，与外部的牵连与杂念太过繁重，个体长期处于过度紧张刺激的状态下，导致身体机能出现了功能紊乱，他们不关心所谓的“潜意识”或者“内在精神的症结”，也不管行为发生的动态和因果关系，而是把着眼点放在当前可观察的非适应性行为上。[②] 放松静默疗法的病理观强调只要“行为改变”，所谓的“态度”和“情感”也就会相应改变。

3. **实现观**

在实现观上，放松静默疗法通过训练个体放松全身肌肉，试图使其能随意控制全身肌肉的紧张程度，放松身心，缓解负性情绪，使个体体验放松静默的心境，并进入一种与内心和谐一致的状态，有时甚至能够达到与自然融为一体的感受。[③] 这时个体的内心是安静和谐的，放松静默的疗法有助于患者达到振作精神、恢复体力、消除疲劳、稳定情绪的目标。[④]

4. **治疗观**

在治疗观上，放松静默疗法是在个体肌肉放松的状态下，让个体的情绪同时得到放松，在身心都处于放松的状态时，心理问题的治疗便相对轻松。放松疗法通常与系统脱敏疗法在临床实践中相互结合补充使用，这两种方式都适用于焦虑症、神经症、恐怖症等精神疾病的治疗，并且在临床中达到了比较好的效果。[⑤] 另外，放松静默疗法是使中枢神经系统的“终末器官”活动正常化，减弱视皮层的活动，从而降低个体焦虑水平。[⑥]

---

① 陆敬闪．禅宗思想对心理治疗的启示［D］．南京：河海大学，2007：1－54.

② 孟祥寒．正念训练和放松训练对中学生考试焦虑的干预研究［D］．天津：天津师范大学，2013：1－44.

③ 陆敬闪．禅宗思想对心理治疗的启示［D］．南京：河海大学，2007：1－54.

④ 孟祥寒．正念训练和放松训练对中学生考试焦虑的干预研究［D］．天津：天津师范大学，2013：1－44.

⑤ 陈文贵．放松疗法有益身心［J］．少林与太极，2013（7）：62.

⑥ KHARE K C, NIGAM S K. A study of electroencephalogram in meditators［J］. Indian J Physiol Pharmacol, 2000, 44（2）：173－178.

二、放松静默疗法对禅宗思想的吸收

1. 放松静默疗法对禅宗“平常心”的吸收

放松静默疗法吸收了禅宗的“平常心”应用于放松训练，让患者在放松、无杂念的状态下集中注意力，认识到本心所在，比如进行深呼吸、闭眼调整身体状态等都可帮助个体向平常心的状态靠近。没有一颗平常心，是无法做到放松静默的。①

> 道不用修，但莫污染。何为污染？但有生死心，造作趣向，皆是污染。若欲直会其道，平常心是道。何谓平常心？无造作，无是非，无取舍，无断常，无凡圣。故经云：非凡夫行，非圣贤行，是菩萨行。
>
> ——《指月录》

临济禅师在他的《临济录》中始终坚持的一个观点就是这个世界上没有常人，也没有什么是所谓的贵人，不要造作，只要保持一颗平常心就好。

《金刚经》称“应无所住而生其心”，这无所住的心也是一种不苛求外在物质的平常心。洞彻明朗，无遮无碍，则无往而不乐，吃饭睡觉，平常生活小事，但是其中都是大有道理的。平常心，或许我们可以简单地理解为不过分夸大，也不过分缩小的一种较为轻松自在的心态。这颗平常心，就是我们所追求的佛，就是我们所追求的道，是即心即佛的心，认为凡事应该放下。

2. 放松静默疗法对禅宗中“禅定”思想的吸收

放松静默疗法吸收了禅宗中“禅定”的理念，禅宗提倡的禅定十分复杂，有四禅八定等。禅定不但可以舒缓个体的情绪，更能够培养好的性格。

---

① 陆敬闪．禅宗思想对心理治疗的启示［D］．南京：河海大学，2007：1－54.

《坛经》有言：“不修即凡，一念修行，法身等佛。”“故知不悟即佛是众生，一念若悟即众生即佛。”所以，禅宗认为世人并不需要历经生生世世的磨难来达到开化，只要世人能够开悟，便可立地成佛。① 修行的项目中修习禅定是难度最大的；障难在修禅中是必经的一关，只有不断克服障难，才能够获得成就。② 禅宗认为，在修行的过程中要注意几个问题：首要的就是要忏除业障，业障重的人为魔所乘，或为魔所缠，在修禅的最初就可以显现出来，最终，修错了方向或是道路；其次，修习禅定者须持戒，佛教弟子须先“持佛禁戒”才能够修习佛定，譬如圆觉经、楞严经、楞伽经等；最后，修禅定者，须先通达佛之教理，如果修习禅定的人不通晓佛教原理，必定会错误百出。

放松静默疗法认为，对于普通人或是初步接触修行的人来说，做到最基本的禅定都是有一定难度的，但是禅定是一种十分有效的放松方式，所以要在不断练习运用中，慢慢掌握并且熟练运用这种方式。《心经》中提到了观自在菩萨修行般若波罗蜜，般若波罗蜜是六波罗蜜的一种，六波罗蜜就是六度，是菩萨修行的六种方法。六度就是布施、持戒、忍辱、精进、禅定、般若。这是一个非常好用的禅定训练技巧，同时也是催眠技巧，用来做自我催眠练习，效果良好。③

3. 放松静默疗法对禅宗“静坐”思想的吸收

心中众生，各须自身自性自度。何名自性自度？即自心中邪见烦恼愚痴众生，将正见度。既有正见，使般若智打破愚痴迷妄众生，各各自度。

——《坛经·忏悔品第六》

① 陆敬闪．禅宗思想对心理治疗的启示［D］．南京：河海大学，2007：1－54.
② 刘勇．佛教禅定修习的基本条件与自我调理［J］．少林与太极，2009（8）：54－55.
③ 孙劲松．延寿一心六度说述评［J］．佛学研究，2008（1）：1－8.

禅宗认为，既然心具足为万法根本，所以“识心见性，自成佛道”，修行者心中自然会决定了修行的实践。世人如若自心执念太过深重就会很难摆脱，若能“起般若观照刹那间妄念俱灭即是自真正善知识，一悟即知佛也”，由此可以看来，世人可以自渡。①

放松静默疗法吸收了禅宗中的静坐，认为静坐的方式有助于人身心的和谐统一，有助于发挥大脑的功能，开发智慧，创造能力，② 让练习者可以控制自己的心理活动，放松精神、提高感悟力。③ 也有许多研究肯定了静坐能降低血压、胆固醇，有益养生。放松静默疗法认为，对抗压力的方式可以通过呼吸来调节，比如我们经常提到的腹式呼吸法、想象呼吸法等。静坐可以平静个体的内心活动，同时也能够让个体的情绪调节能力加强。另外，在身心放松的条件下，个体也会变得更加和善、宽广。这种拥有高度心理自控能力的人，也具备着很强的自塑能力，能够让自己的行为符合社会的要求，让自己变成一个具有强道德感的人。静坐除了能够拥有安宁祥和的内心世界之外，还能够达到一种通透的智慧，并且运用这种智慧可以帮助个体解决人生的种种困境与问题，达到超越与解脱的效果。④

4. 放松静默疗法对禅宗“破执”思想的吸收

放松静默疗法吸收了禅宗中“破执”的理念，认为修行是一个内在的心理净化和进化的过程，很多时候都是当局者迷，旁观者清。在我们修行或是训练处在一个比较有障碍的时候，我们不能执着于此，要破除内心的执念，更应该暂时放下，这个时候我们或许会在某一时刻产生顿悟。正如我们在学习中经常强调的，有的情况下，停下是为了更好的前进。因此不管是在禅宗的修行，还是放松静默疗法的训练中，当我们处在瓶颈期，应该及时停下，不要过分纠结，要学会寻求帮助或是指导。铃木大拙说：

---

① 陆敬闪. 禅宗思想对心理治疗的启示［D］. 南京：河海大学，2007：1－54.

② 陆敬闪. 禅宗思想对心理治疗的启示［D］. 南京：河海大学，2007：1－54.

③ 李慧. 论禅宗心性论：从心理治疗角度探析［D］. 郑州：郑州大学，2011：1－45.

④ 本孝居士. 养心禅激发心灵能量的生活禅修［M］. 长春：东北师范大学出版社，2012.

“事实上，禅道就是生活之道，而生活则是活、动、行，并不仅指思想。因此，对禅来说，它的发展应该指向活动，应该体验它的道而不是用语言进行表示或说明，也不是用观念进行标识或说明，这不是很自然的事吗?”①

三、放松静默疗法对禅宗思想的超越

放松静默疗法在吸收禅宗思想的基础上，又对禅宗思想进行了超越，具体体现在四个方面。

1. 在心境把控上

禅宗的平常心即无是非之心。善恶、美丑、是非、对错都是相对的，无不是没有，而是一种超越、一种高度的觉性。不被相对的观念和事物所束缚，而又遵循因果。要想达到这种不可言说的心境，需要通过方便的方法修习“戒定慧”，获得体悟。

放松静默疗法超越禅宗中“平常心是道”思想，认为个体要想保持身心健康，要做到三点：第一，在思想观念上要调整，对任何事情要做到拿得起，放得下。第二，在行为方式上要有坚定的信念，不轻易被干扰。如达摩祖师在少林寺面壁九年，终成初祖。② 第三，在修心技巧上要韬光养晦，厚积薄发。在当今瞬息万变的社会中，有时候需要静心思考，静并非止，而是蓄能，助未来之路走得更加顺畅。③

2. 在疾病成因上

禅宗思想的迷失论认为，人之所以会出现贪嗔痴等烦恼，是因为本心出现了问题，正如《坛经》中所云：“智如日，慧如月，智慧常明。于外著境，被妄念浮云盖覆自性，不得明朗。”也就是说，个体为外部的种种

---

① 铃木大拙，未也．众生无边誓愿度［J］．法音，1989（1）：24－28.
② 陆敬闪．禅宗思想对心理治疗的启示［D］．南京：河海大学，2007：1－54.
③ 陆敬闪．禅宗思想对心理治疗的启示［D］．南京：河海大学，2007：1－54.

诱惑所裹挟，过分执着关心这些刺激，过度焦虑外部价值评判，从而迷失了本心，出现了心理问题。

放松静默疗法在分析患者的病因时，超越了禅宗迷失论中认为个体发病是因为个体对某些事物或念头过分执着焦虑的观点，而认为个体除了心中有执念之外，过度紧张刺激也是因素之一，导致身体的各项生理机能出现紊乱。所以，在放松训练中，放松静默疗法不仅强调内心干扰的清除，而且注重身体的放松，譬如针对个体生理上的放松，可采用腹式呼吸放松训练、肌肉放松训练等方法，通过身体上的放松来助力心理的放松，最终达到全身心放松的效果，恢复身心健康。

3. **在修行方式上**

禅宗思想的境界论主要通过坐禅修行，使个体达到心无好坏善恶之防御，内外的一切刺激，能无染无杂来去自由地呈现，人处于即妄即真、大道流行的状态。① 正如《坛经》所云："但净本心，使六识出六门，于六尘中无染无杂，来去自由，通用无滞，即是般若三昧，自在解脱，名无念行。"也就是说，通过坐禅可以使人处于一种宁静放松的状态，培养"心理安静能力"②，实现缓解人们身心压力、紧张焦虑心理的最终目标。

放松静默疗法超越了禅宗思想中"坐禅"的修行方式，如日本的静默练习采取了道教和坐禅方式，同时，它超越了坐禅的简单修行，让治疗者在放松状态下梳理自己的内心世界，进入与自己的内在节律融合一致的状态，达到提升自信心、增强心理健康的效果。③

4. **在治疗理念上**

禅宗思想认为，人处于困境或是烦恼状态时，对治它们最好的方式是进入禅定状态，可以帮助个体摒弃一切妄念，集中精神，把意识集中于当

---

① 王求是，刘建新．不思善恶，本性自现：禅宗的心性思想与罗杰斯的心理治疗理论之比较［J］．宗教学研究，2007（3）：117－121．

② 李慧．论禅宗心性论：从心理治疗角度探析［D］．郑州：郑州大学，2011：1－45．

③ 李慧．论禅宗心性论：从心理治疗角度探析［D］．郑州：郑州大学，2011：1－45．

下的问题上，放松身心，然后身体进入平和状态，也就是达到“明心见性”的效果。

放松静默疗法超越了禅宗思想中“禅定”对于个体心理上修行的观点，既强调心理上的轻松，更强调生理上的放松，提出了“身心一体”的观念。同时，放松静默疗法超越了禅宗思想中的打坐的手段，将打坐的概念重新应用在各个领域，例如对深度放松音乐疗法（DRMT）/催眠音乐疗法（HMT）、静默和自然相结合的设计进行研究，发现大自然中的两种静默状态都促进了放松，这也被证明是一种有效的集体音乐治疗方法，成为今后放松静默疗法的可研究方向之一。

第四章
禅宗思想对心理治疗中“认知疗法”的影响

认知疗法（Cognitive Therapy）有广义与狭义之分。狭义的认知疗法通常意义上是根据认知过程，影响情感和行为的理论假设，通过认知和行为技术来改变患者的不良认知的一类心理治疗方法的总称。广义的认知疗法包括两种认知：第一种是试图改变认知，把认知作为目标，作为结果；第二种是把认知作为手段，作为途径或者是方法，通过改变认知达到其他心理疾病的消除。广义的认知疗法除了包括狭义的认知疗法之外，还包含精神分析疗法、人本主义疗法等。本书所指的认知疗法就是广义的认知疗法。

认知疗法的基本观点是：认知过程及其导致的错误观念是行为和情感的中介，适应不良行为和情感与适应不良认知有关。认知疗法常采用认知重建、心理应对、问题解决等技术进行心理辅导和治疗，其中认知重建最为关键。①

① 陈利．论认知疗法的基本原理及实操步骤［J］．智库时代，2018（40）：105－106.

第一节 禅宗思想对认知疗法的影响

一、认知疗法概述

认知疗法于20世纪六七十年代在美国产生，是根据人的认知过程，影响其情绪和行为的理论假设，通过认知和行为技术来改变求治者的不良认知，从而矫正并适应不良行为的心理治疗方法。认知疗法认为，个体行为是通过感知觉得到的，是由人脑主观组织作用而实现的，并提出学习是依靠顿悟，而不是依靠尝试与错误来实现。它的代表人物有皮亚杰、布鲁纳、奥苏贝尔、托尔曼和加涅等。认知疗法对人类心理独特的见解和系统化的解释，可以从人性观、病理观、实现观、治疗观这四个方面来呈现。

1. 人性观

作为现代心理学流派之一的信息加工心理学是心理学与近代学科交叉渗透的产物。① 认知疗法的人性观兼具主动和被动，其中思想和思维支配着人的行为，与行为主义的机械观点相反。② 同时，其强调人具有生物性的先天的心理倾向，人就像是一个符号处理系统，可以对外部信息表达的符号信息进行输入、编码等一系列过程，③ 并对人的本质属性做了预先的假定，即“有思想的人类也是一种信息加工器”④。而以皮亚杰为代表的

---

① 张辉．四种心理学派人性观之浅说［J］．读写算：教师版，2007（7）：4－5.

② 申艳娥．心理学流派中的人性观［J］．贵州工业大学学报（社会科学版），2007（1）：207－209.

③ 郭新宇．基于认知心理学的中医诊疗思维过程探究［D］．北京：北京中医药大学，2012：1－71.

④ 杨鑫辉，龚浩然．心理学通史［M］．济南：山东教育出版社，2000.

结构主义认知心理学认为人也是一种生物，与其他生物并没有本质的不同，[①] 并且发展途径和其他的生物大致相同，借助同化或顺应以求达到主体与客体间的一种平衡状态。

2. **病理观**

在病理观上，认知疗法认为，来自外界的刺激并不会直接激起个人的应对机制，而是作为一种感官信息，通过对人格结构、过去的经历和思维过程的评估来评估信息后，会产生各种情绪。[②] 人们的困惑和精神疾病给自己强加了非理性的信念，这些非理性的信念比其他外部因素更容易误导情绪和行为。艾利斯将人类常见的非理性信念归纳为九种：①喜欢强迫思维；②易受暗示；③过度概括化；④完美主义；⑤对他人的过分要求；⑥不能忍受不确定性，追求绝对化，肯定化；⑦喜欢夸大负性事件的危害性；⑧易自暴自弃；⑨有自我贬低倾向，过分关注自身机体的变化。[③] 正是这些非理性信念使人心理失调，从而产生困扰以及种种心理问题。

3. **实现观**

认知疗法试图实现的是重建更加理性主动和适应的认知结构。一个人的情绪和行为受其所处环境的影响。当改变认知、情感和行为时，人们可以选择不同的方式对外部刺激做出反应，从而避免遭受负面情绪，最大限度地解决生活中的问题。不断纠正认知失调的状态，纠正错误的倾向，改变不良的观点或态度，引发健康的心理与行为。[④] 人们有保护自己、让自己变得快乐的倾向，乐于与他人沟通，从而成长和实现自我；也会有避免自我毁灭，逃避思考，遵循旧方法，重复出现错误，急躁，完美主义，不愿长大的倾向。[⑤] 所以，人都可能产生错误的观念或者行为，但通过修正

---

① 徐建成．论几个经典心理学流派的人性假设［J］．江苏第二师范学院学报，2007，23（4）：50－53.

② 陈力．医学心理学与精神病学［M］．北京：人民卫生出版社，2001.

③ 毕金仪．认知疗法的概念及应用［J］．中国社区医师，2006（19）：42－43.

④ 许婵贞．认知疗法的整合性发展［J］．社会心理科学，2008，23（5）：83－86.

⑤ 张玲．心理健康研究与指导［M］．北京：教育科学出版社，2001.

认知失调，重建认知结构后，是可以改变情绪与行为的。

4. **治疗观**

在治疗观上，认知疗法认为行为与错误情感之间存在着一个转换，即在认知过程中可能产生错误的认知，① 由于个体体验到的不良的行为和感觉与认知有关，因此需要重建认知，进行心理咨询和治疗等，而重建是重要一环。认知疗法强调在治疗过程中，负性情绪与思维对个体有很大影响。一旦失调即触发了个人的情感障碍，而患者就会倾向于歪曲认知来看待客观的事物。② 认知疗法因认知心理学家所持的理论和采用的研究方法而异，较具代表性的有贝克的认知疗法、艾利斯的理性情绪疗法、迈肯鲍姆的自我指导训练等。认知疗法适用于多种情感障碍和心理疾病，③ 虽然不同方法治疗方式以及适用对象各有差异，但可将其总结为一种使用认知和行为技术改变被治疗者错误观念的心理疗法。

二、认知疗法对禅宗思想的吸收

禅宗也被称为“心学”。心性学说在禅宗思想中占据重要地位，也是禅宗的基础。《坛经》认为，“世人性本自净，万法在自性”；“于自性中，万法皆见”；“性含万法是大，万法尽是自性”。认知疗法认为患者在本性上的差别是不太大的，众多疗法的思路都是调整好患者不良的认知及情感，行为即会正常。这与“心学”的众多观点不谋而合，我们可从认知疗法中窥见禅宗思想的身影。

1. **认知疗法对禅宗“明心见性”思想的吸收**

妄心被禅宗视为了生死流转的根本，宣称“一切境界本自空寂，无一法

---

① 肖新燕．浅析认知心理治疗理论及实践［J］．乌鲁木齐职业大学学报，2007，16（2）：90－93．

② 安容瑾．禅宗思想与现代西方心理治疗流派关系解析［J］．甘肃高师学报，2008，13（6）：129－132．

③ 唐丽莹，叶江洪，章亚娟，等．认知疗法对脑卒中后抑郁和认知障碍的疗效观察［J］．解放军护理杂志，2002（4）：6－7．

可得。迷者不了，即为境惑。一为境惑，流转不穷”（《传灯》卷8《无业》）。

《坛经》曰：“不识本心，学法无益，识心见性，即悟大意。”所谓明心，即明了一切诸法，皆从心生，皆自心出，一心而“万法尽通，万法具备”，“心生种种法生，心灭种种法灭”。慧能认为：“世人性自净，万法在自性。思量一切恶事，即行于恶；思量一切善事，便修于善行。如是一切法尽在自性。自性常清静，日月常明。”

禅的宗旨是“明心见性”，主张人的心性本来清净，本心空寂，是超越于现象界的。① 而认知疗法将人脑比作计算机一样的信息处理系统，是具有先天性的心理倾向的，可以视为“明心见性”的别样现代阐述，超脱的心性就如同计算机的处理器，能将世间万物化为自身观念，进而达到超脱之境，虽不是物，但物已于心，明心见性。认知疗法的表达往往是具体而现实的，禅宗则是抽象的但始终如一的。

2. 认知疗法对禅宗“我执”思想的吸收

禅宗认为人本来是清静的、无染的，随着相对意识的生起，我们受到了情尘欲垢的障蔽，迷失了本心。② 这些障蔽之中就包括了“我执”，或名“我见”，梵语为萨迦耶见，是指人们固执地认为，在真实的自我、身体和思想中有五类聚合，能够自由应对幻想和虚幻。本初为无我之境，但是由于痴迷于自负和以自我为中心，所以出现了各种各样的问题。③

> 言身见者，亦名我见。五阴名身，身中见我，取执分别，从其所迷故，名身见。以见我故，从其所立，亦名我见。
>
> ——《大乘义章》（卷六）

---

① 伍先林．东山法门的禅法思想特征［J］．佛学研究，2015（1）：325－337.

② 吴言生．禅宗哲学象征［J］．民办教育研究，2005（3）：65－70.

③ 王璐．自我与我执：浅谈佛教之无我［J］．淮北煤炭师范学院学报（哲学社会科学版），2010，31（2）：38－40.

如佛语所说，执着正是苦的因，执着也可以称为无明，在四圣谛即苦集灭道中，集谛认为渴爱为苦之因，渴爱就是喜与贪，[①] 即有情众生的一切烦恼都是由我见、我执引起的分别妄想和纷争叠成的，禅宗认为有四种根本烦扰，即“我痴”“我见”“我慢”“我爱”。

《妙法圣念处经》卷一：“自作自缠缚，与蚕等无异。”《楞伽经》卷三：“凡愚妄想，如蚕作茧，以妄想丝，自缠缠他。”禅宗认为，芸芸众生用如星如麻的妄念之丝，约束了自己的心理，如同蚕作茧自缚，在无始无尽的妄想状态中相续执着，难舍难离。

认知疗法在分析患者生病的成因时吸收了禅宗的“我执”思想，认为众生都有“痴”“见”“慢”“爱”这些烦恼，心理问题都是来源于自身，而并非来自事件本身。人对所遭遇的事情的信念、评价、解释或哲学观点，导致自身认知失调，从而引发不良的情绪和产生不合理行为，这种认知及行为是消极、悲观及令人不快的。[②]

3. 认知疗法对禅宗“戒定慧”思想的吸收

《坛经》云：“但净本心，使六识出六门，于六尘中无染无杂，来去自由，通用无滞，即是般若三昧，自在解脱，名无念行。”禅宗境界论认为，开悟者对体验日益开放，达到即妄即真的境界，而认知疗法的实现观中所实现的目标正是培养真正健康、高度发展和成熟的人，他们不会狠狠地去压抑自己的情绪，可以充分自由地表达自己当下的情绪体验，就算碰到新情况也能从容应对。[③]

认知疗法吸收了禅宗中“戒定慧”的思想，认为个体要想实现真正的健康，一是要学会更好地调节情绪（定），二要掌控自己的生活方式

---

① 刘波．佛教与人本主义关于“自我”的心理治疗思想探析［D］．长春：吉林大学，2015：1－51．

② 阮氏桃．禅宗与现代心理疗法［D］．武汉：华中师范大学，2007：1－72．

③ 郑国铎，周清玲．马斯洛自我实现观评析：兼论实践在自我实现中的决定作用［J］．山西师大学报（社会科学版），2001，15（1）：10－14．

（戒），三要建设自己内心的净土的同时也建设美好的人间净土（慧）。

4. 认知疗法对禅宗“忏悔”思想的吸收

六祖慧能说：“前念迷即是凡夫，后念悟即是佛。”在迷失中如何开悟，《心经》教我们的从根本上化解情绪、清净内心、最终达到解脱彼岸的方法，即观照内心，倾听自我。

> 言忏摩者，此方正译当乞容恕、容忍，首谢义也。若触误前人，欲乞欢喜者，皆云忏摩，无问大小，咸同此说。若悔罪者，本云阿钵底提舍那，阿钵底是费罪，提舍那是说，应云说罪。云忏悔者，忏是西音，悔是东语，不当请恕，复非说罪，诚无由致。
>
> ——《根本说一切有部毗奈耶》卷15

这段经文所表达的即必须通过忏悔来倾听自我，发觉心病根源，心中执念。所以禅宗思想认为要在迷失中寻回本我达到开悟，就必须要放下我执。我们之所以有自私自利的想法，是因为执着于自身，发现自己什么时候，因什么原因而生起嗔怒、贪心或其他不健康的想法后，再针对这些不好的想法进行清理或者辩驳，以此降服自心。这也是认知疗法治疗观的要点，强调纠正负性情绪以及认知失调，达到认知重建。认知重建的治疗目标就是要让来访者意识到自己的一些错误的思想，正是因为这些自我意识中的思想活动使得患者产生焦虑，然后在意识状态中，尝试强化求助者的这样一种信念，即“自语”来影响到自己的行为。① “自语”就如同禅宗中强调的忏悔，通过与自我意识的对话来寻找那些关于自我挫败或者消极自评引起的情绪烦恼以及干扰行为的原因再加以纠正。

禅的智慧首先就在于破除执着、看破、放下，② 自净其意，观照自心，

---

① 邹苏．认知重建法与催眠疗法的比较研究［J］．校园心理，2016，14（4）：272－274.
② 释圣凯．禅与情绪管理［J］．佛教文化，2016（4）：8－9.

审视自己的发心动机，找到自我的位置和修行的态度。认知疗法的治疗观中同样强调纠正扭曲的认知，破除情绪的障碍，以此来达到治疗的效果。

三、认知疗法对禅宗思想的超越

认知疗法在吸收禅宗思想的基础上，又对禅宗思想有所超越，具体体现在以下四个方面。

1. 在理论建构与现实应用上

从上文可知认知疗法吸收了禅宗中许多观点为其所用，但是在理论层面认知疗法更丰富了，包含了阿德勒学派存在主义治疗法、个人中心治疗法，以及完形治疗法等。在现实应用层面也更有意义，对于处理焦虑、恐怖和抑郁症，产生了拓荒性的帮助，发现了某些认知加工理论，可以有效挑战被治疗者的假设和信念，帮助他们保持乐观的心态，改变不良行为。[①]同时，认知疗法提供了一种积极主动的人性观，以当事人的内心世界为关注点，从禅宗思想中得到启发，协调群体与个体的认知系统，构建认知系统与认知任务之间的作用机制，从而拓展了认知研究的空间。[②]

2. 在病因分析上

认知疗法的病理观认为，认知的局限和歪曲，会引起情绪的紊乱和行为的适应不良。相较于禅宗迷失论中所认为的“我执”“妄想”，认知疗法最大的超越之处是没有将病因归结于人自身，或者如中医学古代医者所认为的思维乃心所属上，[③] 如“心者，君主之官也，神明出焉”（《素问·灵兰秘典论》），或者“心者，五脏六腑之大主，精神之所舍也”（《灵枢·邪客》）等。认知疗法更具体地指出了并不是人本身犯了错误或者罪过，是

---

① 林丹．认知疗法及其在临床上的应用研究［J］．社会心理科学，2005（2）：43－46.

② 王庭照，张凤琴，方俊明．现代认知心理学的应用认知转向［J］．陕西师范大学学报（哲学社会科学版），2007（4）：126－130.

③ 郭新宇．基于认知心理学的中医诊疗思维过程探究［D］．北京：北京中医药大学，2012：1－71.

外界刺激产生的感觉信息引发的对应的情绪等造成了不良的反应，这使人的心理压力更小，更容易面对自身的病因，从而更有益于之后的治疗。

同时，对比禅宗中组织诵戒这些形式，认知疗法认为人通过经常性的自省便能够发现病因，进而帮助改变不良情绪及行为，并未将病因与外界捆绑，使个人能够更主动地发现病因。

3. 在目标达成手段上

禅宗境界论中“自性能生万法”“我心即佛”等观点，可概括为三个阶段：空、悟、行。① 在这三个循序渐进的阶段中，既感一无依傍，又感自我的孤单、渺小，如永明延寿禅师偈语云“孤猿叫落中岩月，野客吟残半夜灯。此境此时谁得意？白云深处坐禅僧”，诗中意境就极其凄神寒骨。② 由此可见，开悟者虽能对体验完全开放但也最是孤凉凄冷。而认知疗法的实现观强调提升个人的自我价值感，推动个体通过摆脱阻碍成长的不合适信念系统的影响，达到自我实现；同时，也和人本主义疗法一样强调了治疗中合作关系的重要性。叶浩生曾从具身—嵌入的观点指出，认知不是一个孤独的主体面对着一个漠然的世界，认知产生于身体与环境的互动。③ 所以应当有治疗者去指引当事人去自我发觉，达到自我实现，成为健康成熟和高度发展的人，这相对于禅的境界论目标更加具体。同时因为有治疗者的指引而非禅宗的自我修持，更加强调了人际氛围对个体的影响，这也更加符合现实生活环境，从而具有更高的可行性。

4. 在治疗方式上

在治疗观上，认知疗法认为治疗师应当作为沟通精神分析治疗和行为治疗的一座桥梁，这与禅宗的开悟论是有区别的，相较于禅宗认为引导个

---

① 黄春忠．禅宗佛性论、修行方法论及其管理学价值［J］．中山大学研究生学刊（社会科学版），2015，143（2）：121－136．

② 胡遂．无修之修、顿悟成佛的禅宗方法论与境界论［J］．湖南社会科学，2015（6）：1－5．

③ 叶浩生．认知心理学：困境与转向［J］．华东师范大学学报（教育科学版），2010（1）：42－47．

体修行的禅师是自己过渡的一座桥梁，认知疗法认为治疗师更多的是确保个体能够正确修行的监督者，对于指导现实问题解决更具有实操性。同时也将治疗的目的更加实体化，为了纠正不正确信念、负性思维、不合理情绪等，运用科学手段深入细致地描述疾病的客观情况，① 相较于禅宗思想中的破除执念、观察内心等更容易令人理解，能提高对其理论的接受度。禅宗开悟论中的“明心见性”“观照内心”等观点都是强调人的思维方式或是认知方式的改变，但是一直以来都未提出较为完善的、成熟的、可操作性、结构性很强的整套治疗方法。而认知疗法的超越之处是它一开始就把焦点放在要发展出一套理性的工具，并成功实现了以问题为驱动、以当下为核心的结构性治疗技术，可以在短时间内有效地对治抑郁和焦虑。② 其治疗观不仅提高了理论的接受度，而且能更好地适用于实际治疗。

第二节　禅宗思想对精神分析疗法的影响

一、精神分析疗法概述

精神分析疗法的创始人是西格蒙德·弗洛伊德，代表人物有安妮·弗洛伊德和梅兰妮·克莱因等，又名精神动力学心理方法。精神分析疗法通过自由联想、释梦、阻抗、解释、修通等技术对来访者的无意识心理过程进行分析，探讨这些无意识因素是如何影响来访者目前的关系、行为模式和心理状态的；又通过对来访者生活历史的探索，探讨来访者是如何经历

① 范向阳. 中西医病理学中的认知差异对探索中国认知心理的启示［J］. 贵州师范大学学报（自然科学版），2006，24（4）：47－50.

② 林丹. 认知疗法及其在临床上的应用研究［J］. 社会心理科学，2005（2）：43－46.

既往的人生而发展变化，帮助来访者更好地应对当下的成人生活。① 简而言之，精神分析疗法是一种心理障碍根治疗法，即心理治疗的根本目标是改变人格的潜意识水平。② 下文将从人性观、病理观、实现观、治疗观四个方面对精神分析疗法进行介绍。

1. **人性观**

在人性观上，精神分析疗法对人的看法基本上是消极的、负面的和悲观的趋向，③ 其认为人并不是启蒙运动所认为的理性动物，而是受非理性因素、潜意识、生物本能驱力和六岁以前性心理事件控制的，所以人性就是人的基本本能。弗洛伊德曾言："人类并不是希望被人爱的仁慈生物，也不是在遭受攻击时最善于保护自己的仁慈生物；相反，他们属于那种被认为在本能天赋中攻击性占最大份额的生物。"他在 1920 年提出爱欲或生本能以及死本能两种本能的观点，爱欲本能包括自我保护，无条件的性满足及受到外部约束具有升华品质的本能冲动，而死本能则是使有机生命返回无生命状态，以施虐狂、破坏狂为代表。④ 以弗洛伊德为代表的经典精神分析学派持本能决定论的人性观，强调性本能和攻击本能对人类行为的驱动作用，带有一定的生物决定论色彩；而以弗洛姆为代表的精神分析社会文化学派则提出，人的基本情感需求源于生存环境与社会关系的交互影响，形成了更强调社会文化因素的人性观。

2. **病理观**

在病理观上，精神分析疗法认为，个体行为正常与行为异常最基本的心理过程是一样的，产生心理障碍的原因是无意识中心理起了冲突、产生

---

① 杨文圣．精神分析、认知疗法与行为疗法的内在联系及其启示［C］．高校心理健康教育专业化研究：第八届全国高校心理健康教育与心理咨询学术交流会论文集，2004：129－132.

② FREUD S. The psychopathology of everyday life［M］. New York：W. W. Norton & Company，1989.

③ 冯大彪．从类哲学看西方心理学的人性观［J］．青海师范大学学报（哲学社会科学版），2007（6）：118－121.

④ 郑小璐．精神分析与佛学自我观的比较研究［D］．合肥：安徽大学，2014：1－57.

焦虑，个体防御机制失败。[①] 如果自我相对弱小，它就不能以自适应的方式满足自我的需要，被压抑的潜意识欲望象征性地表达为神经系统症状，从而导致错误性行为。自我的病因又是从何而来的呢？弗洛伊德曾给过线索：早年无意识冲动（主要是性本能）的满足不当（缺失或过度），埋下成人后心理幼稚和自我虚弱的种子，人遇到与早期生活中创伤性经历相关的现实情境，本我会被激发，自我预见本我的活动现实不容，超我不许，自我开始焦虑，自我有意无意地使用各种心理防卫方法使本我在现实允许、超我同意的情况下获得替代满足，如升华、压抑、投射、反向、合理化、否认等。[②] 自我强大的人，可能渡过难关；自我不够强大的人，禁欲性强的防卫可能引发强迫症、恐惧症，泄欲性强的防卫可能引发癔症等。[③]

3. 实现观

在实现观上，精神分析疗法以“健康、无精神症的个体化”为人的发展所最终实现的状态。也就是说，这种状态已经突破了原始的自我概念，个体化阶段以“自我”人格重塑为核心，以顿悟看到的真如本性为基础，也指本质上完全不同的“真实的自我”。按荣格之意，“个体化”这一阶段，一方面需要强调个人的独特和独立，另一方面需要不断提高心理完整性。在实现“个体化”之后，个体的潜意识与意识可以相互作用，相互融合，帮助个体完善人格。“自我意识”的新平衡使原本的意识转变为人格中心，使人进入一种高度发展的境界。[④]

4. 治疗观

在治疗观上，精神分析疗法认为治疗的重点在于使在无意识中被压抑

---

① FREUD S. Remarks on the theory and practice of dream-interpretation [M]. Volume XIX (1923—1925): The Ego and the Id and Other Works, 1961: 107 - 122.

② 刘如平. 西方经典心理治疗流派的自我病理观及其教育启示 [J]. 陕西学前师范学院学报, 2015 (3): 98 - 101.

③ FREUD S. A general introduction to psychoanalysis [M]. New York: Horace Liveright, 1920.

④ 郑小璐. 精神分析与佛学自我观的比较研究 [D]. 合肥: 安徽大学, 2014: 1 - 57.

的心理冲突得以释放,[①] 通过对各种治疗方法的分析和指导，发掘无意识的心理冲突和不愉快的经历，使未被满足的无意识的欲望和本能，以合适的方式宣泄出来，使个体更加成熟以抵御内心的冲突。这是一种帮助患者消除不良症状，以适应生活并实现健康人格的方法。治疗的效果还取决于早期重要且安全的依恋关系的建立，基本需求的满足，在适合的年龄经受行为训练，受教育程度，适当的压力和支持等。这些因素可促进个体人格各个部分的和谐与融合，形成更成熟的防御技巧和符合年龄的行为方式，从而达到治疗心理问题乃至疾病的目的。

二、精神分析疗法对禅宗思想的吸收

铃木大拙说：“禅本质上是洞察人生命本性的艺术，它指出从奴役到自由的道路……”[②] 精神分析疗法认为，患者需要自我反省，通过心理分析及内省可以了解自身内心的冲突和焦虑的根源。自我反思，可以揭示症状隐藏的意义与动机，帮助患者领悟。[③]

1. 精神分析疗法对禅宗“心性、佛性”思想的吸收

禅宗认为，本心无形无相，澄明圆满。以般若智慧觉知本心真性，彻见本源，彰显“本来面目”，即是见性成佛。[④]《坛经·机缘品》：“无有青黄长短，但见本源清净，觉体圆明，即名见性成佛。”本心论中的佛性一般来讲即成佛的可能性，小乘佛教中唯有教主释迦牟尼为佛，不论佛性。[⑤] 大乘佛教将佛性提升至本体地位，即人人皆有佛性，是超脱于善恶的。在

---

① 黄河．精神分析理论在1例强迫症咨询中的应用［J］．中国医学工程，2011（11）：176－177.

② 弗洛姆，铃木大拙，马蒂诺．禅宗与精神分析［M］．王雷泉，冯川，译．2版．贵阳：贵州人民出版社，1998：137.

③ 陆敬闪．禅宗思想对心理治疗的启示［D］．南京：河海大学，2007：1－54.

④ 吴言生．禅宗思想渊源［M］．北京：中华书局，2001.

⑤ 吕昂．谁的精神分析与谁的禅宗：关于弗洛伊德到弗洛姆与佛教到禅宗的对比分析［J］．鄂州大学学报，2013，20（1）：12－15.

中国化以及与人本主义思想交融的过程中，精神分析学派的人性观对其也有吸收，人是自然和社会的统一体，人又是历史的产物，是社会性和自然性的统一，① 是存在善恶两种潜能的集合。如弗洛姆在人性中设定了一个本性，这样的理念与本心论无疑是吻合的。孟子曾言：“人皆可以为尧舜。”精神分析疗法奉承着这种禅宗思想传统改造了其人性观，把开悟性与人性等同起来，使人们认识到超越的我就在我自身，如弗洛姆曾言“幸福安宁是与人的本性相一致的存在状态”②。按照禅宗思想中的表述，即“我心自有佛，自佛是真佛。自若无佛心，何处求真佛”③。

2. 精神分析疗法对禅宗“驻相、执着”思想的吸收

《坛经》认为：“智如日，慧如月，智慧常明。于外著境，被妄念浮云盖覆自性，不得明朗。”心之所以需要明，性之所以需见，正是因心中时存的驻相。在精神分析治疗中往往会进入“瓶颈”期，这也是精神分析疗法认为阻碍患者康复的病因之一，在心理治疗的会谈过程中治疗师和患者之间的交流会存在具象化，虽然看似找到了患者问题所在或是“深层原因”，但还是没有能够挖掘到更加深刻而准确的原因，这种阻抗状态与禅宗的驻相、执着是非常相似的。

有研究者指出，禅宗与精神分析均认为意识深处存在着强大的非理性力量，弗洛伊德称之为“潜意识中的本我”，指人们尚未意识到但真实存在于内在的精神世界的想法、冲动或感受等，禅宗则称此为“贪嗔痴”等，人因为潜在欲望被压抑从而进入入迷的状态，这些导致人产生种种烦恼。④ 铃木大拙举泽庵和尚对他的武士弟子的教导为例：当心停滞在任何

① 李艳．弗洛姆人本主义思想及其当代启示再探［D］．合肥：安徽大学，2019：1－63.

② 弗洛姆，铃木大拙，马蒂诺．禅宗与精神分析［M］．王雷泉，冯川，译．2 版．贵阳：贵州人民出版社，1998：105.

③ 杨曾文．六祖坛经：敦煌新本［M］．北京：宗教文化出版社，2001.

④ 安容瑾．禅宗思想与现代西方心理治疗流派关系解析［J］．甘肃高师学报，2008，13（6）：129－132.

处所，就意味着这个流被打断，烦恼的污点涂黑了人类般若的智慧，而智力的思考阻碍了它本然的活动。这般若的智慧被泽庵和尚称为“不动智”，是我们内在与外在所有活动的指导者，而当它被阻碍，则意识心就黏滞，而剑就不再听从那“不动智”。① 禅宗也探索了人的潜意识，当出现“真相扭曲，堕入无明，产生偏见，生活自限”等驻相妄念，障碍了“自性智慧”，就会引起心病。② 就如精神分析疗法所认为的，人之所以生病，是因为来自无意识中的冲突而导致防御机制的失败。

3. 精神分析疗法对禅宗“明心见性”思想的吸收

禅宗中的“自性”为精神分析疗法所希望达到的终极目标“个体化”提供一种本性的解答，自性能生万法，具有不生不灭、完备具足等特性。“个体化”正是自我意识，理性和想象力的发展使人摆脱了与自然的原始联系，而超越本质与本能的人也开始进入独立和自由的个性化过程。③ 荣格认为，个体化的过程，是灵魂深处的自发自然的过程，与成长成熟的心理过程一样，有时你虽未意识到，但是切切实实存在。因此，随着身体的生物学衰退，人格注定是个体化的。虽然此过程应该自然发生，但也很容易受到遗传学、父母、教育、环境等几个因素的阻碍。④ “个体化”这一过程中其实所需的即拓宽丰富意识的领域，使人达到一种新的精神平衡，创造出更完善具美的人格。《意识的转化》一书称：从心灵分裂和发展的层次看，人对自我的限定越是狭窄，层次越浅，便有愈多的存在领域被排除在自我之外，成为非我。⑤ 可见，意识的作用对于达成“个体化”十分

① 弗洛姆，铃木大拙，马蒂诺. 禅宗与精神分析［M］. 王雷泉，冯川，译. 2 版. 贵阳：贵州人民出版社，1998：25.

② 郑小璐. 精神分析与佛学自我观的比较研究［D］. 合肥：安徽大学，2014：1－57.

③ 卢扬. 弗洛姆人性思想及其时代价值探析［D］. 长春：吉林大学，2014：1－38.

④ 梁恒豪. 荣格的基督宗教心理观［D］. 北京：中国社会科学院研究生院，2010：1－148.

⑤ 肯恩·威尔伯，杰克·安格勒，丹尼尔·布朗. 意识的转化［M］. 李孟浩，董建中，译. 上海：东方出版社，2015.

重要。

“明心见性”作为禅宗的宗旨，是参禅者欲达到的最高境界，要达到这种境界必须经过转换，而转换最关键之处在于第六识的作用，即意识的作用。《大乘入楞伽经》云：“意识若转依，心则离浊乱，我说心为佛，觉了一切法。”用禅宗的术语来说，彻悟者不断涌现，他们了解所有宇宙的完整性。当完成“个体化”后，就能破除表象的自我观念，识得世间万物整象，可视为禅宗认为的“明心见性”“见性成佛”中的当把真实的自我本性展露，觉悟达到永恒时，方可到达的净土之境。

4. 精神分析疗法对禅宗“开悟”思想的吸收

精神分析疗法在治疗中通过治疗师不断疏导，致使那些压抑的欲望得到合理满足，消除潜意识中的矛盾，所达到的以更成熟的自我功能及防御方式应对内心冲突的状态就类似于禅宗开悟后的清醒状态。慧能曰：“人中有愚有智，愚为小人，智为大人。愚者问智人，智者与愚人说法。愚者忽然悟解心开，即与智人无别。”慧能认为，禅师可以通过克服虚假的理性化的作用，要求个体培养自己的直觉，力求达到一种头脑较为清醒的状态。①

开悟所达到的可视为一种内在智慧的状态。禅宗强调自力更生，无需依靠禅师就可以开悟。在《坛经·行由品》中，慧能大师开宗明义：“善知识，菩提子自性，本来清静。但用此心，直了成佛。”② 精神分析疗法则强调要使患者摆脱对分析师的依赖，在内省中获得自由。

禅宗的“开悟”有两种情况，分别是“渐悟”和“顿悟”。神秀的“渐悟”与精神分析疗法都揭示了心理悟变的长久性；而慧能的“顿悟”与荣格所说的“三种意识的融合”一样，即处于无我之境，呈现无我的状

① 徐光兴．心理禅：禅学与现代心理治疗［M］．合肥：安徽人民出版社，2013.
② 坛经·行由品第一［M］．尚荣，译注．北京：中华书局，2013：2.

态。慧能曾言："善知识，凡夫即佛，烦恼即菩提。前念迷即凡夫，后念悟即佛；前念着境即烦恼，后念离境即菩提。不悟即佛是众生，一念悟时众生是佛。故知万法尽在自心，何自心中顿见真如本性?"可见开悟是解除困扰的重要方式。

三、精神分析疗法对禅宗思想的超越

精神分析疗法在吸收禅宗思想的基础上，又对禅宗思想进行了超越，具体体现在四个方面。

1. 在对人性问题的思考上

以弗洛姆为代表的精神分析流派不单从善恶角度思考人性观，并且以人为问题的视角展开了研究，拒绝将人性这一论题简单看待。如弗洛姆言："就人的本性问题而言……人的本性或本质不是像善或恶那样的特殊实体，而是根植于人存在条件中的种种矛盾。"① 如资本主义社会病态的生活方式即产生病态的人格。精神分析疗法对人性的看法所面临的矛盾是人性问题分析的关键环节。人作为自然的一部分，不可忽视自然法则，而深入研究人性问题，社会因素必须考虑。② 不再仅仅聚焦于个人的本性如何，更进一步地深化了人性问题的深度，其适用范围相较于禅宗而言更宽泛，不只是个人人性如何这一问题，同时也适用于社会的发展，能够促进社会改革。

2. 在病因分析上

精神分析的病理观相较于禅宗的迷失论，能适用更多不同种类或层次的心理疾病患者，而非单一概况的"迷失"。如精神分析疗法对于焦虑等特定负面情绪的发展路径作出了具体研究，还针对性探讨了童年期或成年

---

① FROMM E. The heart of man: its genius for good and evil [M]. Lantern Books, 2011.

② 李艳．弗洛姆人本主义思想及其当代启示再探［D］．合肥：安徽大学，2019：1－63.

早期事件或缺乏关爱所导致的精神异常的人格结构、精神分裂，以及未形成完整的自我同一性所导致的边缘障碍等。这些心理疾病的主要治疗目标是要建立结构。精神分析疗法能够更好地帮助正常人和神经症患者心理疾病的治疗。

而禅修所追求的目标是力图破解个体自身的自我偏执，禅宗内观大师杰克·康菲尔德（Jack Kornfield）在结合了自我的修禅体验和当代心理学之后，发现即使是最佳的禅宗冥想者，也曾经受过心理创伤，需要心理治疗的帮助，单靠冥想不足以调和身心，从而指出了修禅冥想阴暗面的观照这一问题。①

3. 在实现目标上

相较于禅宗境界论中的“明心见性”“见性成佛”，精神分析疗法的最终实现状态即“个体化”，不依赖于任何特定的形而上学系统、学说或意识。宗教性质源于集体经验，而在“个体化”的本性中，个人可以认识到自身的自我意识比其确定的人格更深、更早、更基础。②“明心见性”在禅宗思想中被认为是一瞬间完成的，而个体化则是一个漫长的过程，相较于禅宗开悟所要达到的“顿悟”，个体化给予了患者一个渐进的过程。禅宗的境界论对于自我意识的过分偏重，会导致精神上的不平衡，③而个体化过程削弱了自我的膨胀倾向，运用意识之光去照亮无意识的部分，在其中相互对立冲突的元素中寻找到了协调的状态。个体化最后所达到的人格的整体与部分的统一有了真实的基础，精神分析疗法从而使人深刻地认识自我，而不是如同禅宗中较为空泛的“开悟见性”，这也是精神分析疗法对于禅宗境界论最大的超越之处。

4. 在治疗手段上

精神分析疗法的治疗观与禅的开悟论都讨论人的自省开悟与人的转变

---

① 尹立．精神分析与佛学的比较研究［M］．成都：巴蜀书社，2003.

② 梁恒豪．荣格的基督宗教心理观［D］．北京：中国社会科学院研究生院，2010：1－148.

③ 郑小璐．精神分析与佛学自我观的比较研究［D］．合肥：安徽大学，2014：1－57.

的实践，但二者之间也有较为明显的区别。经过长期的历史发展和演变，精神分析逐渐变成了一种较为科学的学问，不是宗教性的，与开悟论完全不同。精神分析的治疗方法以不同的方式训练意识，并“管理”潜意识。它引起人们对扭曲的感觉作用的注意，促使人们认识到心中的妄想，并消除了意识深层的抑制，扩大了人类经验的范围，该方法属于心理学经验主义。① 禅宗则是运用自身知识和智慧使得个体达到对人生领会的理论与方法，是一种偏向宗教的理论，多是在思辨或是生活经验中产生的观点，禅宗有着实用和贴近生活需要的特点。禅宗与精神分析虽是东西方净化心理的两种不同的理论与方法，但最终都是为了疏解情绪，转变人格状态，追寻豁达开朗的心胸与生活世界。精神分析疗法具有实证医学的技术色彩，相较于禅宗停留于认知层面，只是单一地把引起心理问题的原因归结于执念等，精神分析疗法更多地强调对症诊断，防御归类，用技术程序去治疗，而客体关系及主体间性精神分析具有哲学色彩，更强调关注来访者的情感状态、思维方式及形成背景。

第三节　禅宗思想对人本主义疗法的影响

一、人本主义疗法概述

人本主义疗法出现在二十世纪五六十年代，以马斯洛的自我实现理论和罗杰斯的以患者为中心思想为代表。它肯定了人的价值，并指出人在自我发展和社会发展中的重要作用。人本主义疗法重视人的尊严和价值，重视人格和个性的发展，主张社会改革、管理、教育和心理治疗应以良好的

① 阮氏桃．禅宗与现代心理疗法［D］．武汉：华中师范大学，2007：1－72．

人际关系为基础，因重视人的本性而得名。① 下面将从人性观、病理观、实现观、治疗观四个方面对人本主义疗法进行阐述。

1. **人性观**

在人性观上，人本主义疗法认为自我实现是人类不断追求的目标，相信人类的本性在不断发展，反对弗洛伊德的流行病学理论，并相信人类具有自主和自我选择的能力。他们认为人类有机体能够自我指导并为自己的生存方式承担责任。② 如罗杰斯认为：“人的本性中最内在的核心，在本质上是积极的、正面的——它本来就带有社会性、前进的倾向。”③ 为了达到自我实现的目标，人们通过自由选择来承担自己的终极责任，克服现实生活中各种障碍与干扰，不断发展和完善自己，使个体人性得以圆满。同时，一个自我实现者必定有着超越善恶的品质，④ 即以罗杰斯为代表的人本主义疗法人性观虽看似至善，但实则也是超越善恶之分。此外，人本主义者还重视人的自我概念，认为自我概念的完善与生活中出现的重要人物密切相关。⑤

2. **病理观**

在病理观上，人本主义疗法认为致病的主要因素是自我的不协调。而罗杰斯认为这是在社会环境中对“价值条件”进行文化同化自欺欺人谎言的根源。当一个人根据自己的价值观，将他人的价值观内在化并成为自我结构甚至是个体的统帅时，这些成分就很难改变了。⑥ 个人的行为不再受

---

① 张朋．现代人本主义心理学教育观探索［J］．才智，2010（3）：159.

② 程秀兰．基于实证视角的幼儿教育本质特征研究［D］．西安：陕西师范大学，2013：1－252.

③ ROGERS C R. On becoming a person：a therapist's view of psychotherapy ［M］. London：Constable，1967.

④ 王求是，刘建新．不思善恶，本性自现：禅宗的心性思想与罗杰斯的心理治疗理论之比较［J］．宗教学研究，2007（3）：117－121.

⑤ 张辉．四种心理学派人性观之浅说［J］．读写算：教师版，2007（7）：4－5.

⑥ 朱海娟．弗洛伊德与罗杰斯的心理致病机制比较［J］．医学与哲学，2008，29（7）：76.

身体的评估过程的指导，而是受到苛刻的社会价值规范的指导，个人无法面对自己的真实经验和身体对经验的评估。他们有选择地对待自身的经历、自我价值条件和自我概念，产生正确的意识反应。反之，它可能会拒绝或扭曲知识的输入，因为它对自我概念构成威胁，个体不可避免地会通过减少身体评估过程的作用来限制自身的行动，即产生“自我压抑”。

3. **实现观**

在实现观上，人本主义疗法认为人具有自我实现的潜力。马斯洛认为自我实现的内涵在于人对于自我发挥和完成的欲望，也就是使潜力得以实现的倾向。人们应该特别注意人类意识的主动性和自由选择。人类意识可以超越传统、文化和现实的局限，人类的潜力是无穷的。自我实现不只是最终状态，而是随时随地实现个人潜能的过程。而目标就是某种事物引导你趋向它并想方设法去实现它。心理咨询和治疗强调患者的自我调节、自我成长，并逐渐摆脱外力的控制，在实现自我独立和安定自主方面，趋向人性。同时，马斯洛认为人类具有独特的“似本能（instinctoid）”倾向，这种“似本能”是人类区别于其他动物的高级特征。

4. **治疗观**

在治疗观上，人本主义疗法适用于现在（而不是过去）的情况和态度，目标是来访者的成长和满足，主要包含了理解、沟通、无条件积极关注三种技术。它的要点是尊重人，认为每个人都有其独特存在的价值，所以每一个人都要受到尊重，每个人都可以选择符合其生命需求的存在方式。人本主义疗法重视人心理的完善和自我价值的实现，某种程度上消除了心理治疗偏重理论及不平等的医患关系之缺陷，使心理治疗更符合民众的需求，与生活联系更加紧密。① 人本主义心理治疗是一种以证据为基础

---

① 陈生．存在：人本主义疗法评析［J］．山西大同大学学报（社会科学版），2007（1）：92－95．

的方法，大量的研究结果证明了它在取得治疗成功方面的有效性。同时，该治疗观亦充分体现了患者自我治愈的能力。人本主义疗法不追求特殊的方法和技术，治疗师把自己当作一种手段，通过真诚、关心尊重、善解人意来创造一种良好的氛围，让来访者能够自由地探索内心感受。

二、人本主义疗法对禅宗思想的吸收

人本主义疗法密切关注自我、自然、社会与他人的问题，这与禅宗所着力的方面是相似的。目前禅宗与人本主义疗法的探索无论在理论还是实践上都呈欣欣向荣之势。弗洛姆、罗杰斯、拉康以及晚近的肯恩·维尔伯都对佛禅之道有着不同程度的敬仰、亲近或浸淫。① 其中，罗杰斯是人本主义心理学标志性的人物，人本主义疗法的治疗目标与禅宗的“明心见性”类似，具有相同的“非指导性”原则；超越性的需要也与禅宗思想中的“无我无法”境界相似。这些都能看出人本主义疗法对禅宗思想的吸收以及交融。

1. 人本主义疗法对禅宗“本心自性”思想的吸收

《坛经》中认为本心自性应该超脱于善恶之分，是一种无二之性，如“善恶虽殊，本性无二。无二之性，名为实性”，抑或是“摩诃是大，心量广大，犹如虚空，无有边畔，亦无方圆大小，亦非青黄赤白，亦无上下长短，亦无嗔无喜，无是无非，无善无恶，无头无尾”。这种无二之性，人人皆有。② 正如方立天所说，“作为人性内在的完美的心性实体、道德实体的自性，呈现出抽象的本质论形态，而其实质是一种先验的性善论”③。禅宗本心论在超脱于善恶之时，其本质上也可视为至善论；人本主义的人性

---

① 王求是，刘建新．不思善恶，本性自现：禅宗的心性思想与罗杰斯的心理治疗理论之比较［J］．宗教学研究，2007（3）：117－121.

② 王求是，刘建新．不思善恶，本性自现：禅宗的心性思想与罗杰斯的心理治疗理论之比较［J］．宗教学研究，2007（3）：117－121.

③ 方立天．中国佛教慈悲理念的特质及其现代意义［J］．文史哲，2004（4）：69－73.

论虽似性善论，在某些方面也可视为超脱于善恶。因其认为人具有达到自我实现的潜力，而一个自我实现者也必然会拥有超脱于善恶两面的特殊品质。① 自我实现者的特殊品质与禅宗无二之性境界相似，也充分地说明了人本主义疗法的人性观和禅宗的本心论一样，认为人性本质是超脱善恶之分的。

2. 人本主义疗法对禅宗“我执”思想的吸收

禅宗迷失论探讨的是人们为什么会迷失澄明自性而流转于生死这一问题，《坛经》认为是由于人的本性被覆盖了，心灵蒙蔽了自身或者被他物蒙蔽了自身。人的自心的迷失即起念，“我执”控制着精神，情感，言语和身体上的行为，是心理障碍的最重要原因，受人的眼睛，耳朵，意识，知识，思想，语言，时间和空间等的限制。② 当我们不断地陷入固执于己见的漩涡中，就会产生一种狭隘的想法，从而困于其中，难以寻找到本心，也难以发现辽阔于容纳万事万物的开阔性，同时一旦心灵为外在事物所支配，它就会失去其自身的本性，即著境。而人本主义的病理观中的自我不协调以及外在社会的一些文化同化作用就类似于禅宗思想中的迷失，外在事物和自我言行、自我意识“应然”的判断产生了不一致就可能造成自我的不协调。所以禅宗思想的迷失论和人本主义疗法的病理观都认为，执着于内在自我及自我言行与外界的价值标准、人际关系等的不协调的“我执”，是人们失去了本性，无法意识到自己有精神疾病的根本原因。如果说本心论和人性论是从“真我”的角度审查，那迷失论和病因论就是从“假我”这一问题出发。③

---

① 王求是，刘建新．不思善恶，本性自现：禅宗的心性思想与罗杰斯的心理治疗理论之比较［J］．宗教学研究，2007（3）：117－121.

② 阮氏美仙（NGUYEN THI MYTIEN）．《坛经》心理道路研究［D］．武汉：华中师范大学，2014：1－154.

③ 王求是，刘建新．不思善恶，本性自现：禅宗的心性思想与罗杰斯的心理治疗理论之比较［J］．宗教学研究，2007（3）：117－121.

3. 人本主义对禅宗“开悟”“涅槃”思想的吸收

《坛经》告诉我们，如果不进行内心的修行就只能够是一个平凡的人，而潜心修行的人有可能成为佛。“不思善，不思恶，正是么时，哪个明上座本来面目？”慧能静坐修炼后大悟，悟得人人皆可成佛，曰：“若真修道人，不见世间过。若见他人非，自非却是左。他非我不非，我非自有过。但自却非心，打除烦恼破。”禅宗认为，修行成佛是不能够脱离内心的，故而提出了“道由心悟”的观点。这种观点也是对人人皆可成佛的一种默认，只有肯定了人人皆可成佛这一前提，前面所提到的观点才能够屹立不倒。人本主义的实现观也认为人人皆有自我实现的潜能，人性本质上是偏向性善的，当处在真挚、接纳环境状态下，个体会倾向于建设性的行为方式。恶与攻击是个体的自我实现潜能释放受阻而产生的。当自我实现者感受到“高峰体验”这种独特的认知体验，仿佛就与宇宙融为一体。这是一个自我肯定，忘我、无我的时刻。这种状态与佛教中的“涅槃”之境十分相似。①《祖堂集》中马祖道一在宣扬禅法时曰：“汝今各信自心是佛，此心即是佛心，心外无别佛，佛外无别心。”不管是人本主义疗法还是禅宗中的“开悟”“涅槃”都是一种摆脱外界干扰，不再为琐事烦恼的一种自由、安然的状态。② 而在超越性需要中，“自我”不再作为“小我”单独存在，而是不断超越，形成“扩大了的自我”。我们也可以发现，禅宗的境界论与人本主义实现观都非常强调要达到一种超然物外、不被世俗所干扰的无我、忘我甚至是空的状态。

4. 人本主义疗法对禅宗“正受”“无念”思想的吸收

悟与迷对称，指醒悟。对生命真谛的体验和认识，慧能在一次授法时提到“我心自有佛，自佛是真佛，自性若悟，众生是佛”。对于禅宗来说，

---

① 肖力．心理学视域下的城市马拉松之发展［J］．四川体育科学，2020，39（2）：47－50.

② 迟延萍．试论现代心理学与东方佛教的融合［J］．陕西师范大学继续教育学报，2000（1）：83－84.

自由的意义是超越意识的基本障碍，以实现个人与整体、与时空的和谐。①而人本主义疗法强调人有自我实现的需要及超越性需要。② 人本主义疗法对个体生命的无限尊重，其实与禅是十分契合的，禅对于个人本身所具有的佛性就是十分的尊重，而且直指本心，单了佛性。人本主义疗法所达效果无法直接与禅宗中的“明心见性”等同，但二者有许多的共通之处。如人本主义治疗观中对自我实现者理想境界的分析，便引用了佛教的“正受”“开悟”概念。③ 人本主义疗法中十分重要的觉察与禅宗中的无念都强调应以不思善恶为前提，只有这样觉察才能如实地历历觉，也才可见佛境界，至佛地位，这正是体现了其治疗观对禅悟的吸收。

三、人本主义疗法对禅宗思想的超越

人本主义疗法在吸收禅宗思想的基础上，又对禅宗思想进行了超越，具体体现在以下四个方面。

1. 在对人性的剖析上

禅宗本心论认为，人的本性即便闪耀无比，但现世中人却仍被贪、嗔、痴所支配，在生死中迁流。而人本主义疗法的人性观对人性的肯定更具有现实意义，更能激发人的积极本质，认为人格是遵循个体的内在规律而建设性地发展起来的。④ 人都具有变得优秀、不断发展成长的潜能和创造物质文化与精神文化的价值，而禅宗中将人性很大限度与佛性挂钩，人本主义疗法的人性观给人以更充分的肯定，也是一种对人的鼓励与鞭策，

---

① 周全田．禅宗文化的悟性［J］．安徽大学学报，2005（5）：5.

② MASLOW A H. Self-actualizing people：a study of psychological health［C］//Personality Symposium，1950.

③ 安容瑾．禅宗思想与现代西方心理治疗流派关系解析［J］．甘肃高师学报，2008，13（6）：129－132.

④ 姬兴涛，叶存春．论人本主义心理学的人格观及教育观［J］．云南师范大学学报，2002，3（5）：18－21.

而不是逃避外部世界的干扰或苦恼，鼓励人们在各种情况下都应该向上、向善。同时，在人本主义疗法的人性观中，我们可以看到一种对人的主观能动性的高扬和对人的深切关怀。人本主义疗法强调个人利益、价值、尊严和自由，并强调心理和行为的融合，形成正确的健康观。他们认为人类的行为不会受到过去经验的被动影响，[①] 所以人本主义疗法的人性观相较于禅的本心论更为积极主动。

2. **在病因分析上**

人本主义疗法的病理观更具象化，相较于禅宗迷失论中因著境起念而盖覆，更详细地阐述了盖覆的产生、过程以及要素，将外在事实、自我言行、人际关系等与自我的扭曲相联系，并指出了自我扭曲是由于与“应然”的自我判断不一样。同时，禅宗的迷失论不太适用于儿童这一初启阶段的问题，而人本主义疗法中的积极关注的需求不足指出了儿童产生问题的原因所在。罗杰斯提出，个体在幼年时，身体智力可以帮助他做出对其适应环境有利的选择。随着儿童的成长，他们需要得到别人的肯定。为了获得更多的注意，父母、老师、同学和其他人的关注尤为重要，关系到个人的整个生活，包括学习，工作和交流。罗杰斯特别主张在儿童教育以及治疗中运用共情以及无条件积极关注的技术，[②③] 人本主义疗法的病理观在病理分析层面的层次性更丰富。

3. **在适用范围上**

人本主义疗法自我实现论中的高峰体验源于现实生活，具有比禅宗理论更广泛的通用性。高峰体验是一种神秘的体验，但是从宗教的角度来

---

① 朱浩．“自我实现”与“无我之境”：人本主义心理治疗与禅宗自我观之比较［J］．宿州学院学报，2011（4）：34－36，101.

② 詹伟鸿．卡尔·罗杰斯人本哲学思想及渊源探析［D］．南昌：江西师范大学，2007：1－58.

③ 刘如平．西方经典心理治疗流派的自我病理观及其教育启示［J］．陕西学前师范学院学报，2015（3）：98－101.

看，它并不难理解，但它与现实生活息息相关。这意味着，无论一个人何时何地实现自己的愿望，趋于完美，获得满足，都有可能产生高峰体验。① 禅宗的境界论终其而言是作为一种信念，一种信仰体系，其本身的科学性必然有其局限，它更多的是作为一种世界观、人生观方面的信念系统存在。而人本主义疗法作为一种知识形态有其本身的逻辑体系和理论架构，有其客观性和规律性。②

4. **在治疗效果上**

人本主义疗法已经形成具体翔实、可广泛应用的治疗体系，而禅宗开悟论只是抽象化的治疗论。人本主义疗法强调了在治疗中创设一种“安全、信任、自由、平等、真诚、温暖、无条件积极关注”的治疗关系，这种氛围相较于禅的开悟论中的独自修行，更能使个体能得到一种更深刻的幸福感和内在生活的丰富感。③ 人本主义的治疗方法也被验证对于对那些有身体疾病等的特殊个体也能起到不同程度的效果。如王启月对 232 例高血压患者的心理问题进行评估和治疗，效果满意。传统的高血压治疗主要是依靠药物治疗，患者心理状态对血压的影响还重视不够，患者的遵医行为往往很差。采用来访者中心疗法治疗高血压后，能够很好地缓解患者的心理压力，保持患者情绪稳定，当然，结合专业的药物治疗和护理措施，才能使血压长期保持平稳并减少并发症的发生。④ 罗杰斯认为，人的本质是建设性的，每个人内心都有一股强大的力量，他的“非指导性原则”就是让当事人依靠自身的力量解决问题。所以罗杰斯支持来访者自由地探索

---

① 赵青．禅宗“顿悟”说与心理学“高峰体验”之比较［J］．资治文摘（管理版），2010（6）：38 -39.

② 詹伟鸿．超个人心理学的基本思想与佛教涅槃说的相通之处［J］．甘肃社会科学，2006（5）：221 -224.

③ 车文博，黄冬梅．美国人本主义心理学哲学基础解析［J］．自然辩证法研究，2001（2）：1 -5，18.

④ 王启月．来访者中心疗法在高血压患者心理护理中的应用［J］．天津护理，2012，20（4）：243 -244.

自我，治疗的焦点在于帮助个人成长而非解决一个特定问题。禅宗强调“自性自度”、“自求解脱”，在帮助个体开悟佛性的过程中，禅师也是“非指导性的”，他们借助于各种情境诱发参禅人开悟，但并不直言以告，信赖个体自身的修行体验，用个体自身的力量来重新感悟生命的真理，重新认知宇宙人生的奥秘。① 因此，相较于禅宗的开悟论，人本主义疗法的治疗观具有更现实的身体保健作用。

① 安容瑾．禅宗思想与现代西方心理治疗流派关系解析［J］．甘肃高师学报，2008，13（6）：129－132.

第五章
禅宗心理健康教育思想的理论贡献及局限

禅宗思想是中国传统文化与印度佛教相互碰撞之后的产物，与此同时，禅宗在西学东渐的过程中与西方心理治疗学派的思想相互交融。在这一过程中，禅宗心理健康思想逐渐被挖掘和凸显出来，并日益发挥当代价值。下文将从人性论、迷失论、开悟论及境界论等角度阐述禅宗思想对当代心理健康教育理论建设的贡献及其局限。

第一节　禅宗思想对心理健康教育理论建设的贡献

一、禅宗思想的合理性

1. 人性论的合理性

禅宗人性观主要体现在禅宗心性论思想上。而禅宗的心性论主要是围绕“佛”展开的，体现在本性是佛、自性清静、自性自度、见性成佛等观点上。心性论正如精神分析学派看待性本能、行为主义看待无条件反射一样，禅宗强调本性是佛。此外，正如人本主义强调个体潜能一样，禅宗的见性成佛则是强调内在自我的发展，而不是追求外在上的超越；禅宗的自性自度强调在成佛道路上个体本心的重要性，而不是依靠外部的力量。最开始，释迦牟尼这个实实在在存在的个体是我们的佛。当释迦牟尼去世之后，其思想不断流传，最后，释迦牟尼的思想与他的本性成为我们心中的“佛”，即我们向往并追求着的“佛”。因此，在禅宗的观点中，“佛”是一种实实在在的传承，是一种人们向往的精神状态。由此看来，禅宗在最根本的人性上的立足点上是十分合理的。

2. 迷失论的合理性

禅宗的心性论提出人人皆具佛性，而迷失论进一步指出性具净与染、无明与执着、贪嗔痴、业力等原因使得个体的佛性被遮掩起来，所以有各种苦痛、烦恼。其中性具净与染强调外界环境的影响。无明与心理学中认知疗法的核心思想有异曲同工之妙，都强调错误的认知方式生成的烦恼。个体欲望过强且得不到满足，便陷入贪嗔痴。业力则是强调因果轮回，恶的行为便会产生恶的影响，善的行为便会产生善的影响。也就是说，正如精神分析流派、行为主义和人本主义的逻辑一样，禅宗认为一切违背佛性的思想、行为都会导致个体产生烦恼。

不同心理治疗学派有各自的病因观，对心理疾病产生原因的观点也不尽相同。譬如认知学派认为是个体认知方式的错误所致，而精神分析学派则倾向潜意识与本能才是主因。由于各流派都只关注自身学派所主张的病因观，不同学派之间较为割裂，如同管中窥豹，难以对问题有整体认识，也难以解决实际问题。禅宗不仅可以为心理问题研究及解决提供新的思路，也可以中和各流派的观点及疗法，在寻找病因及治疗上有较为重要的作用。

3. 开悟论的合理性

禅宗迷失论认为本心被蒙蔽，故而导致自我迷失。开悟论进而指出摆脱烦恼的方法便是回归本心，这种回归本心可以从思想上的“明心见性”和行为上的“修心养性”两个方面着手。个体在思想上认识到自性清净的方法有多种，如“三无”（无念、无住、无相）、平常心、斗机锋与参公案、当头棒喝、参话头、空慧破执、参禅法等。其中无住、无念和正念一样都是强调不要有任何妄念；斗机锋和认知疗法一样强调通过语言的交锋来使个体转变思维；空慧破执和认知疗法则都是针对个体片面化、绝对化的思维产生影响；参禅法则主要在于破除个体的思维定式……行为主义强调通过个体行为的改变可以达到改变个体思想、情感的目的；禅宗的修心养性则主要是通过戒定慧、行脚、止观等方法实现回归本心，其中许多具体方法与现代的冥想静坐等极为相似。禅宗的“明心见性”与心理健康教育中的认知疗法、正念疗法的思想极其相像，在行为上的修心养性则与静坐冥想、森田疗法等流派的治疗方法极为相似。因此，禅宗思想可以说是一部非常全面而系统的心理健康教育的参考书了。

4. 境界论的合理性

禅宗的整个逻辑体系和心理学的各种流派有很多相似之处。精神分析流派认为，个体生来就有的性本能、潜意识被压抑时就会使个体出现各种异常的心理和行为，强调应使个体的性本能得以表达，将潜意识的思想内容提升到意识层面，从而帮助个体回归到最初的正常状态。但禅宗认为人性的终极层面是从本心到染心再到本心的过程，也就是禅宗最终希望个体达到的境界便是重现本心，重现本心即获得“自在解脱”。“自在解脱”具体表现为“自由”和“超越”两个方面。与心理健康教育中的“悦纳”的思想相似，但“超越”更加强调的是一种奋发向上的状态，追求发展的过程，而不是过分执着于最终的结果。禅宗心理健康教育思想认为不仅应重视身体上的健康，更要重视精神（心灵）上的健康，是一种较为全面的心理健康观。

二、禅宗思想的积极影响

1. 有利于心理治疗疗法的发展与改进

由前文可知，心理治疗疗法与禅宗思想有许多相通之处，对禅宗思想既有吸收也有众多超越之处。

“正念”最初源于佛教禅修，是从坐禅、冥想、参悟等发展而来。正念是佛教的一种古老修行方式，是佛教禅修、道教、瑜伽修行术的核心。正念疗法流派的创始人卡巴金出生在佛教起源地——印度，因此正念疗法的根是佛教，但又超越了佛教。正念疗法与其说是一种新的心理治疗流派，不如说是佛教禅修的一种现代化科学，更加适用于当代人的社会生活。正念疗法吸收了佛教禅修的坐禅方式，譬如坐姿、手印、修行等，并强调在整个冥想过程中有意识地、不予评判地专注当下，这种专注在佛教中也是坐禅所追求的境界。①

森田正马把佛教与禅宗两条轴线作为森田疗法治疗的理论基础，贯穿治疗的命脉——“顺应自然”与“为所当为”。森田正马认为，开悟是在开“自然道”，② 禅宗的“平常心是道”也体现在森田疗法治疗过程中。总之，森田疗法与禅宗在“顺应自然”与“平常心”的理解上是一致的，但禅宗和森田疗法在起源、目标人群和治疗目的上存在差异。

静默是宗教活动的核心部分，被认为是改变人意识的有效方法，因地域、种族、文化、宗教流派各有不同。例如，在佛教的发祥地东南亚一带，静默练习仍沿袭着约 2500 年来所传教的基本方式；在西藏，静默则发展成注重视觉意象的复杂练习；在日本，静默则往往采取道教和禅坐的形式。目前，放松静默成了一种心理治疗流派，剔除了神秘成分和宗教色彩，在将其运用于临床心理治疗时，技巧更加简练、易于操作。由此可见，放松静默疗法吸收了宗教中静默的核心思想，但又超越了宗教的静默，使之更加适用于现代普通大众。

六祖慧能认为“被妄念浮云盖覆自性，不得明朗”，也就是人性本净，因为有了妄念，人的真如之性便被覆盖，导致个体产生心理问题，因此只

---

① 乔·卡巴金. 正念：此刻是一枝花［M］. 王俊兰，译. 北京：机械工业出版社，2015.

② 阮氏桃. 禅宗与现代心理疗法［D］. 武汉：华中师范大学，2007：1－72.

要消除妄念，就能恢复本性。“妄念”恰恰与认知疗法所强调的不合理观念相契合。认知疗法的治疗关键是破除失真认知，而禅宗要求人们消除妄念。禅宗指出“佛”与“众生”、“真”与“妄”的区别只在一念之间，而认知疗法认为思想是情感的基础，想到悲，情即悲，想到善，情即善。①

铃木大拙等曾在《禅宗与精神分析》一书中将禅宗与精神分析疗法进行对比研究，阐述了禅宗中的无意识，并分别从禅宗与精神分析的不同角度探讨了人生的根本、人生的意义、价值与目标是什么等问题。② 弗洛姆甚至称尽管禅宗与精神分析都讨论人的本质以及人转变的实践，但它们的区别看来超过了其相似之处。但也有不少精神分析学家对禅产生了与日俱增的兴趣。总的来说，精神分析学派与禅宗更多的是从不同角度产生的思想的相互契合。

人本主义是不同于精神分析学派、行为主义的心理学第三势力。精神分析学派认为人主要受性本能和攻击本能控制；行为主义认为人只对环境中的刺激产生反应；而人本主义认为人应该对自己的行为负责，强调人的正面本质和价值、人的成长和发展。禅与人本主义流派的最大相似之处，便是强调主体中心位置、重视个体的精神生活。禅宗中的顿悟、教育观与人本主义流派中的高峰体验、罗杰斯的教育思想等都有相似之处。禅的开悟观与马斯洛的自我实现论，都描述了一种了悟的人或自我实现的个体最终能达到或所希望达到的某个境界。③

通过对比分析禅宗和心理治疗流派，我们可以发现禅宗之于心理治疗流派正如叔本华之于托马斯·哈代、尼采，后者的思想与前者不谋而合，或是接受了前者思想，为自己的想法提供完整思想基础。“罗马不是一日建造的”，在促进理论流变过程中，应该立足正确禅宗思想，深入挖掘禅

---

① 阮氏桃．禅宗与现代心理疗法［D］．武汉：华中师范大学，2007：1－72.

② 弗洛姆，铃木大拙，马蒂诺．禅宗与精神分析［M］．王雷泉，冯川，译．2 版．贵阳：贵州人民出版社，1998：1－5.

③ 付仁勇．禅与人本主义心理学［D］．昆明：云南师范大学，2013：1－87.

宗中心理治疗的思想蕴含，结合现代社会的实际情况，有针对性地对禅宗的思想进行发展及应用。

2. 有利于个体人格发展与完善，实现人生和美

处于世俗中的个体追名逐利，自寻无尽烦恼，迷失了清净本性，以致产生精神失落。人类创造物质财富以及追求必需的物质生活，禅宗并不否定，它只是要人们不要沉迷于物欲，执迷于物相。铃木大拙曾对禅的境界作过描述："禅在本质上是一种见性的功夫，是挣脱桎梏走向自由之道，它使我们啜饮生命的泉源，因而使有限的人类从这个世界的束缚中解脱出来，禅的目的就是突破迷妄使我们隐藏的活力得以自由的展开，使我们内心一切创造的动力得以自由的发挥，迷云消失后，我们便可以看见自己的本性了。"①

禅宗修行以培养超然脱俗的道德人格、实现人境合一的至高精神境界为最高理想，为当代人的精神境界和理想人格状态提供一个良好的导向。心理健康教育思想认为心理素质是整体素质的重要组成部分，② 提高心理素质、促进人格完善是心理健康教育价值目标的中间层次，主要目的是提高以人格完善为特征的综合心理素质。③ 心理素质一旦得到提高，各种心理品质也会得到良好的发展与完善，个体便处在一个有序的平衡状态之中，各方面产生协同效应，形成综合优势，发挥出整体的作用，实现良性循环。

从心理学角度来看，心理是对外部客观世界的反映，这种反映会受到个体已有知识背景以及自身的人格特征的影响。心理世界会受到外界环境刺激的影响，但是这种影响与其自身的人格特征和成长环境的体验有关。

---

① 铃木大拙．禅与生活［M］．刘大悲，译．上海：上海三联书店，2013：79.

② 王新旭，董铭．高中生心理波动探析与心理素质培养［J］．校园心理，2019，17（1）：71－72.

③ 黄志宇，张宇光．当代大学生心理素质提升与心理问题干预有效途径的探讨［J］．中外健康文摘，2013（45）：276－277.

而社会生存环境对社会成员的人格塑造起着巨大作用。禅宗自觉以引导众生保持善念、舍己为人、惩恶扬善为己任，禅学大师通过开示引导众生逐渐领悟宇宙众生的人生真谛，超越自我，走向宽广人生。从禅宗的角度来看，外界环境会干扰个体内心自性，强调通过禅修来获得内心的宁静，达到明心自性；强调个体无法改变外部物质环境，但可以改变对它的态度。

目前，发展心理学、人格心理学等对培养健康、成熟的人格已有较为系统深入的研究，提出通过各种训练对个体的人格系统进行全面加工。禅宗的修持体系实际上也是一种全面培养、铸造理想人格的训练体系。禅的道德修养就是要人们去除迷雾，恢复清净圆明的自性，丰富内涵与行为，从而实现人格的统一。禅宗心理健康教育的思想吸收了人本主义心理学派“以人为中心”“自我实现”的观点，认为心理健康不仅体现为没有心理疾病，而且意味着能够充分发挥潜能，通过形成健全的人格和正确的心理调适方式来满足自己对于物质和精神上的追求和实现自身价值，达至人生和美。

3. 有利于自觉协调人际关系，促进社会和谐

社会是由不同个体组合而成，和谐不仅是个体自身内部世界的和谐，也是人与自然的和谐、人与人之间的和谐，还是整个社会的和谐。个人道德修养和素质如何，不仅关乎个人命运，而且也关乎社会的和谐稳定及发展。六祖慧能教导说：“心平何劳持戒，行直何用参禅，恩则孝养父母，义则上下相怜，让则尊卑和睦，忍则众恶无喧，若能钻木取火，淤泥定生红莲，苦口的是良药，逆耳必是忠言，改过必生智慧，护短心内非贤。”《大正藏·坛经》云“菩提只向心觅，何劳向外求玄”，个体只有启发内在的自觉，回归心灵的故乡，培养健全的人格，自觉调节自我与他人与社会的关系，才能使我们的社会更和谐。

当年弘一法师提倡“念佛不忘救国”，今天我们要提倡“念佛不忘兴国”。左宗棠为无锡梅园所题的一副对联称：“发上等愿，结中等缘，享下等福；择高处立，就平处坐，向宽处行。”“发上等愿”就是发“不为自己求安乐，但愿众生得离苦”的菩提誓愿。禅宗以此培育出以利乐天下苍生为己任的人中豪杰：赤胆忠心、福智双全，可做民族之脊梁，民众之楷模。这是禅宗对国家对社会义不容辞的责任。

禅宗精神主要表现为超越精神，吸取禅宗超越精神的合理内核将有助于端正人们的价值坐标、提高人们的文化品位、调节人们复杂的心理，从而对社会稳定起到积极作用。① 禅宗所阐述的超越，是一种超然、超脱的“空”的状态。它不是对世间事物都保持漠视或是不屑一顾，甚至是抵抗的状态。真正的超越是一种精神高度，是不以物喜、不以己悲的状态，是超然于世外的洒脱。真正的超越只在意当下的意识状态，追求平静和智慧的人生，以期度己，再度化众生。

禅宗强调的人文精神对社会和谐也具有重要意义。禅宗把被神格化的佛、菩萨还原回到人文上。② 禅宗在中国的发展又进一步发挥了佛教的人文精神。中国的文化强调以人为中心，强调世间万物皆有灵性。禅宗虽然强调人的力量和灵性，但也认为人与自然界的万事万物应该平等共生。因此，禅宗要求我们在道德上保持自觉自律，不断完善人格，促进社会和谐，甚至是整个自然界的和谐。禅宗是适合于中国人文精神的发挥的，这也为社会的和谐带来契机和动力。

4. 有利于世界和平发展，实现美美与共

进入21世纪，人类迫切需要一个赖以安身立命的伦理基础，以担负现代社会的共同责任和义务。禅宗欣赏和尊重其他文明，极具包容性，和而不同，美美与共，具有不朽智慧。“如何见性”是禅宗的核心思想，“自性”是所有德行的总称，“一切万法不离自性”（《坛经·行由品第一》），禅宗要求驱除邪迷心、狂妄心、不善心、嫉妒心和恶毒心，必须以“自

① 梁仁华．禅宗与社会稳定［J］．井冈山师范学院学报，1996（6）：30．

② 周玮超．韩国蛇神话母题及其文化意蕴研究［D］．济南：山东大学，2016：1－86．

性”修行。在处理人际关系中，禅宗也从自性出发，强调众生平等，以“行直心”作为处理人际关系的价值准则，这些朴实的理念都闪耀着平等慈悲的智慧光芒。六祖慧能大师开示说：“佛向性中做，莫向身外求，自性迷即是众生，自性觉即是佛，慈悲即是观音，喜舍名为势至，能净即释迦。平直即弥陀，人我是须弥，邪心是海水。烦恼是波浪，毒害是恶龙，虚妄是鬼神，尘劳是鱼鳖。贪嗔是地狱。愚痴是畜生，善知识，常行十善，天堂便至。除人我，须弥倒。去邪心，海水竭。烦恼无，波浪灭。毒害除，鱼龙绝。自心地上觉性，如来放大光明。”（《坛经·疑问品第三》）

总之，禅宗思想应负起指导人类文明航向，使全人类向上向美向善、全世界严净的责任，促进科技、人文及东西方文明的深层融合，实现人与自然、与社会、与自身的高度和谐，实现自性潜能的开发，使人生和美，社会和谐，世界和平。

第二节 禅宗思想在心理健康教育理论建设上的局限

一、禅宗思想的不足之处

1. 人性论的不足之处

禅宗的心性论所强调的“佛”是一种过分完美的状态，现实生活中很难实现。古人说“但识自本心，见自本性，无动无静，无生无灭，无去无来，无是无非，无住无往”，“其心不青不黄，不赤不白，不长不短，不去不来，非垢非净，不生不灭，湛然寂，此是本心形相也”。其中所表达的本心是一种没有极端、没有是非黑白的状态。然而我们最经常做的就是判断事物是什么样的、不是什么样的，很难完全达到不做评判、没有绝对的是非对错的状态。

2. 迷失论的不足之处

禅宗强调人性本净。当达到这种状态时，个体便没有烦恼了。但是人有喜、怒、哀、惧等基本情绪。如果说个体会有烦恼都是正常的，那么就没有迷失这一说法了。此外，禅宗的迷失论只适用于普通的个体的轻微的心理问题，而难以用于器质性病变、遗传等不可抗拒的因素下的心理问题。

禅宗揭示了心理疾病的根源是执念于善恶。但这只是心理疾病的一种可能原因，并不是所有心理问题的原因。譬如精神分析疗法过于强调个体的潜意识与本能，人本主义中强调在进行咨询与治疗时创设充满温暖、友爱、舒适的环境等。禅宗思想的病因观并没有针对病因进行系统、透彻的探讨，这也是禅宗心理健康教育思想的不足之处。

3. 开悟论的不足之处

禅宗的开悟论针对各种情况有不同的方法。禅宗思想治疗模式经一代代流传下来，也存在不适应现代社会生活的方法或是手段。例如其中无往与无念的思想尽管在正念疗法中也有所提及，但是在正念疗法中只是在一个短暂的实践中集中注意力，力求达到这种状态，并且强调在这个过程中出现分心等各种阻碍是非常正常的，因此其是更加人性化的一种疗法。而在禅宗中，这是一种长期的持续追求的状态，是较为难以实现的。另外，正如行为主义使用暴露疗法进行治疗一样，禅宗的“当头棒喝”如同语言上的“暴露疗法”，这种方法需要选取合适的对象，否则将会产生更严重的负面影响，因此在实际治疗过程中需要谨慎使用。当然，现代心理健康教育中对于“棒喝”的使用只是想传达其中理念，不是真正想推崇不合乎现代道德与法律规范的方式方法。

4. 境界论的不足之处

禅宗的人格理想是终极解脱，即自由境界和超越精神。自由境界是指超越执着与执念，与森田疗法的顺其自然、为所当为表达了同样的思想。但是禅宗的超越精神仍然希望个体具有不断进取的精神。如果对于禅宗理解不够透彻，可能会认为自由境界和超越精神这两种状态无法并存。事实上，自由境界是指不执着于外在物质和结果，而超越精神是指对内在自我和过程的追求。

此外，禅宗思想过于强调内部精神世界的独立性，因而认为只要排除了外部物质世界的干扰就可以实现心理健康，这其实也是一种过于理想而不现实的心理环境观，毕竟我们生活在物质世界，因此不论是过去还是现在要保持心理健康、促进心理成长都不能将外部物质环境完全排除在内心世界之外。因此，真正的心理健康应该是生活在正常环境中的健康，而不是生活在“温室”中的心理健康。

二、禅宗思想的消极影响

禅宗思想博大精深、源远流长。禅宗修行不拘泥于形式与方法，而非常强调对生命乃至宇宙的深入认识。目前来看，这些禅宗思想蕴含的观点对于当代心理健康教育可能存在消极影响。

首先，禅宗超越精神虽然存在积极方面，但是也存在消极方面。一方面，对物质生活有一种悲凉和漠视的感受与态度，但人的生存无法离开物质生活，毕竟食物、水、空气等是人类赖以生存的条件，这种身体的必需与心理的否定是一种矛盾的“超越”。另一方面，人们面对自然界和宇宙的时候，还是应该不断追求，如果个体对精神生活产生了自我满足，进而丢失了继续开拓进取、努力奋斗的精神，将不利于个人价值的创造，也不利于推动社会的进步与发展。因此，在借助禅宗的超越精神来调节心理时应注意可能产生的后果并设法避免。

其次，禅宗思想中包含多种道德规范，譬如善与恶、是与非。如果人们真的根据道德来规范社会，那么社会会变得和谐与充满正气。但是从当代中国社会实际对道德的规范要求来看，禅宗中所阐述道德规范中尚存需要补充、改进甚至摒弃的地方。一是层次较低，通常社会道德规范都较抽象且阐述笼统。二是内容贫乏，仅限于辨别善恶与是非等较为简单而日常生活较为常用的内容。从我们国家现有的道德规范来看，除了要求人们要分别善恶是非之外，还要做到爱国守法、明礼诚信、团结友善、勤俭自强、敬业奉献等基本规范。这些基本道德规范包含了对国家、社会、职业和家庭等方面应遵守的道德规范。这些内容也是禅宗道德规范中没有全面提到的。三是道德原则存在不合理之处，我们从禅宗的道德中看到它对恶的包容、对善的严格要求，这也会导致人们虽做了恶事却没有受到道德的谴责而更加过分地做恶事。同时禅宗对于善的规范是比较严格的，强调大善，认为我们每个人都应该有舍己为人的善念。但是这从现在的道德规范来看，对这一点是没有那么严格要求的，我们所做的善事可以是在自己能力有限的范围内帮助他人或是社会。当然，对于那些能够付出自己的生命来帮助他人或是社会的行为和个体，我们也是非常敬佩和歌颂的。此外，禅宗中对于违反道德规范的人的谴责经常会交给上天来完成，而忽视了人的主观能动作用，这是一种逃避的应对方式，是对邪恶的一种纵容，对社会稳定会有很大的威胁。由此，我们也可以看到禅宗中的很多道德原则在当下的社会生活中是无法借鉴的。

最后，禅宗最大的局限性就是理论中含有较浓的唯心主义色彩，强调心性而忽视甚至脱离了现实生活。禅宗强调个体通过打坐或是其他形式来获得对道的领悟，把认识世间万物的途径局限在个体思辨上；并且总是强调外部世界是对心的一种干扰甚至是阻碍，而没有认识到物质决定意识，物质第一性、意识第二性这一规律。这种对于内心的过分看重而忽视了外部物质世界的重要性的观念使得禅宗理论的唯心色彩过于浓厚。比如禅宗思想中认为世人之所以要明心见性是因为坚信“自心即佛”，认为自己的心就是禅宗修行所要达到的佛祖的境界。达摩说：“诸佛法印，非从人得。”六祖说：“迷时师度，悟时自度，度名虽一，用处不同。能蒙师传法，今已得悟，只合自性自度。”禅宗认为每一个人都可以通过禅宗修行、明心见性，从而成为佛。即向内求佛问道，而不要向外求佛问道。

通过对比禅宗与心理学，发现二者存在很多相似或相同之处，但是很多都未能被证明是科学的，也脱离了实际生活，难以具体可行地运用到禅宗心理健康教育中，但是这也并不意味着禅宗心理健康教育是没有意义或价值的，它能够在促进个体人格完善与社会和谐稳定发展及维护世界和平等方面起到较为重要的作用。当然，禅宗思想中的不足之处既让我们看到了禅宗心理健康教育思想研究的难点，也让我们看到了未来的研究方向。因此，我们需要更准确地把握禅宗的思想根源与内在精髓，结合大乘经典中体现禅宗思想的内容，再结合心理咨询与心理治疗的原理，丰富和拓展禅宗思想和心理健康教育思想。

第六章
走向以人的“全面发展”为目标的心理健康教育

心理健康教育是根据个体生理心理发展的规律，运用心理学的教育方法，培养其良好的心理素质，促进其整体素质全面提高的教育。禅宗作为佛教在中国化历程中与本土儒家、道家等优秀文化碰撞的产物，生发出众多与心理健康有关的真知灼见。这些心理健康观在禅宗中被概括为人性论、病因论、实现论及治疗论等。随着东西方学术的双向融合进程加深，西方现代心理治疗方法与东方禅宗思想也进行了深度的融合，尤其是近代以来马克思关于人的“全面发展”理论影响深远，中国本土心理健康观也在不断批判继承中得以发展和完善，按照从最初“小我”到“大我”，再到“全面发展的我”的逻辑逐步推进。马克思理论指导下的心理健康观属于一种以人的全面发展为目标的心理健康观，这种心理健康观超越了以“小我”为导向的心理健康观与以“大我”为导向的心理健康观，认为健康不仅是个体心理健康，更是全社会的心理健康，是一种全面的心理健康观。

第一节　心理健康观的演变

一、以“小我”为导向的心理健康观

在狭义上，心理健康是指个体心理健康，表现在知情意行等方面与环境的适切性。个体心理健康的影响因素集中在三个方面：第一，生理健康是心理健康的基础，身心一体化表明身体健康影响心理健康，譬如患乳腺癌可能导致长期抑郁；第二，个人所拥有可供参考、平衡和解释的经历或经验；第三，交互转换的工具性心理认知能力。① 这些关于个体心理健康的表现及其影响因素属于以“小我”为导向的心理健康观研究重点方向。这种以“小我”为导向的心理健康观正契合小乘佛教的观点。小乘佛教立足于对个人内心的观察，破除内心无明烦恼，获得内心清净智慧，从而斩断生死，进入涅槃。小乘佛教强调破除人我执，用分析法分解人的五蕴和合，不可妄执为有，所以主张斩断贪嗔痴等烦恼而得到清净解脱心，从而获得自我解脱。②③ 小乘佛教认为涅槃就是“贪欲永尽无余，瞋恚、愚痴永尽无余，一切烦恼永尽无余”，其所发展的以“小我”为导向的心理健康观非常符合中国本土文化的心理健康观，应该进行充分的理解与推崇。现代西方心理治疗方法也致力于帮助个人摆脱痛苦，譬如认知疗法认为不合理信念来源于自身认知的局限，是自身认知的紊乱而对事件的信念、评

① 范向阳．论个体心理健康的机制［J］．贵州师范大学学报（社会科学版），2000（3）：83－86.

② 任继愈．神秀北宗禅法［J］．中国社会科学，1990（2）：110－119.

③ 郑超，赵东华．浅析禅宗的起源与发展［J］．东方企业文化，2010（18）：263.

价和解释造成不良情绪和不合理行为。这种“自我实现导向”的心理健康观要求我们培养自我心理调节能力，提高个体心理素养，成为心理健康的人，最终实现自我。

二、以“大我”为导向的心理健康观

个体具备心理健康之后，才能够为社会提供良好心理健康氛围，促使每个人实现良好心理成长，从而实现全民心理健康。这种以“大我”为导向的心理健康观正契合了大乘佛教的观点。大乘佛教更关心我与他人、自然、社会的问题，认为人不仅要度己还要度人，并且度人的范围广泛，要普度众生、慈悲觉世。与小乘解脱境界不同的是，大乘佛教破除对于一切事物的实体执，破除法我执，转化贪嗔痴等烦恼而为慈悲、精进、智慧等圆满觉悟心。大乘佛教的涅槃是指一切无明烦恼全部转化为智慧、平等、慈悲、精进、三昧等无量清净功德，安住于此清净功德而不断帮助众生离苦得乐。大乘空宗以本体层面的实相实现为目的，以菩提智慧为佛体，众生平等，没有任何区别，所以应该无条件地帮助所有众生解脱烦恼。而这一点正是心理健康教育工作者应该具备的理念。譬如，人本主义治疗流派的主张与大乘佛教的观点不谋而合，在超越的需要方面，人本主义强调自我实现不局限于自身，还应扩展到整个世界。① 没有全民健康，就没有全面小康。党的十八大以来，以习近平同志为核心的党中央高度重视心理健康，明确提出加强心理健康建设，提供为人们所需要的心理健康服务，不断提升国民心理健康水平，在心理层面助力中华民族伟大复兴。

三、以人的“全面发展”为导向的心理健康观

人的“全面发展”一词最早出现在由马克思写于1835年的《青年在

---

① 吴宏伟．马斯洛的需要层次理论及哲学底蕴［J］．哈尔滨市委党校学报，2006（2）：31－33.

选择职业时的考虑》一文。后来，马克思在《1844年经济学哲学手稿》中从发展实现的前提条件和动力源泉、发展的核心内容、发展的外部环境及发展的终极目标角度系统阐述人的全面发展的深刻内涵。实现全面发展的人，一是物质需要得到充分满足的人，即他（她）是有正常生理需要的人，这是实现人的全面发展的重要前提与条件；二是具有强烈的自我实现的需要与能力的人；三是极富个性的人；四是有强烈的爱的需要、审美需要和审美能力的人；五是超越人与自然、利己与利他对立的人。①

马克思根据人的发展将人类历史划分为三大形态："人的依赖关系（起初完全是自然发生的），是最初的社会形态，在这种形态下，人的生产能力只是在狭窄的范围内和孤立的地点上发展着。以物的依赖性为基础的人的独立性，是第二大形态，在这种形态下，才形成普遍的社会物质交换，全面的关系，多方面的需求以及全面的能力的体系。建立在个人全面发展和他们共同的社会生产能力成为他们的社会财富这一基础上的自由个性，是第三个阶段。第二个阶段为第三个阶段创造条件。"② 马克思划分的人类历史三大形态的第一阶段是小我的发展，第二阶段是大我的发展，小我与大我相类相融，这就是人的类本性的实现，最后达成第三阶段的人的"全面发展"。根据马克思的人类历史形态的观点，可以设想人类社会心理健康观的发展依次经历三个阶段："小我"导向的心理健康观、"大我"导向的心理健康观以及人的"全面发展"导向的心理健康观。

参照马克思人的"全面发展"的理论，心理健康观可以这样规定：首先，人的"全面发展"的心理健康观是人的基本需要得到满足，且这种需要能随着社会活动的变化进行调节。其次，人的"全面发展"的心理健康

---

① 王江松，邹慧萍．马克思的健康人格思想初探［J］．中国社会科学院研究生院学报，2006（5）：39－46．

② 马克思．马克思恩格斯全集：第2版：第30卷［M］．中共中央马克思恩格斯列宁斯大林著作编译局，译．北京：人民出版社，1995：107－108．

观是人的各方面能力能得到全面的发展。最后，人的“全面发展”的心理健康观是人的个性得到充分的发展。综上所述，心理健康不仅是个体发展的基础，也是人类社会发展的基础。个体和人类社会的全面发展都是一个长期动态渐进实现的过程。对于个体而言，只有良好的心理健康水平才能帮助人实现全面发展，一旦心理水平变差，个体其他能力都会受到影响，进而制约人的全面发展。对于群体而言，如果群体心理健康没有得到良性发展，群体心理会出现偏差，长此以往会导致全面发展进程受阻。因此，对于单一个体或者社会群体而言，要想实现全面发展，心理健康的实现是必经之路，也是先决条件。

第二节　以人的“全面发展”为目标的心理健康教育改革

一、改革目标

2016年12月，习近平总书记在全国高校思想政治工作会议上指出：要坚持以马克思主义为指导，全面贯彻党的教育方针，坚持社会主义办学方向，落实立德树人根本任务，切实加强和改进新形势下高校思想政治工作，为实现“两个一百年”奋斗目标、实现中华民族伟大复兴中国梦，培养又红又专、德才兼备、全面发展的中国特色社会主义合格建设者和可靠接班人。① 因此，人的“全面发展”不单是马克思理论的中国化，也是总书记的殷殷嘱托。学校心理健康教育作为实现人的“全面发展”的重要抓

① 张烁．习近平在全国高校思想政治工作会议上强调 把思想政治工作贯穿教育教学全过程 开创我国高等教育事业发展新局面［N］．人民日报，2016－12－09.

手，更是要明确目标，有的放矢。全社会要高举以人的“全面发展”为指导精神的伟大旗帜，不仅吸收西方心理学思想、理论与技术，也借鉴东方禅宗思想中蕴含的心理健康教育思想，将两者有效地融合起来，建立起适应我国国情的富有中国特色的心理健康教育思想体系。更为重要的是，心理健康教育目标要从过去仅注重个体内部和谐的心理健康观转向以人的“全面发展”实现为指引的心理健康观。

二、改革内容

改革开放以来，我国心理学研究取得了长足进步，心理学学科体系也更完善。心理学有很多成熟的分支，如发展与教育心理学、管理心理学等，这些研究和应用领域共同组成了心理学理论与技术体系，构成了心理健康教育体系的重要内容。目前我国心理健康教育体系也需要解决问题。譬如心理学工作者重视学术和理论，而对实践应用相对较少。当然，这不是要否定理论重要性，而是需要在理论建立之后将其运用到社会实践。同时心理学各分支学科之间的交流融合也非常重要，应该整合心理学资源，解决现实问题，为社会服务。① 同时，将个体心理学与群体心理学联系起来，通过个体心理促进群体心理发展，明确和逐步解决宏观层面的心理群体和社会心态问题。② 当然，基于国情和社会实际进行改革是推进心理学体系发展的原则。③ 这也为心理健康教育思想在宏观视野和微观视野下进行全面发展性的改革提供了导向。

三、两种视野下的改革设想

1. 宏观视野下心理健康教育改革

习近平总书记把中国梦的基本内涵界定为“国家富强、民族振兴、人

① 柳强，霍涌泉，戴东阳．斯腾伯格的心理学整合思想及其现实意义［C］．心理学与创新能力提升：全国心理学学术会议，2013.

② 王俊秀．从心理健康到幸福社会［N］．光明日报，2019-01-18（11）.

③ 王俊秀．从心理健康到幸福社会［N］．光明日报，2019-01-18（11）.

民幸福”，并指出，“中国共产党人的初心和使命，是为中国人民谋幸福，为中华民族谋复兴”。不管是人民幸福还是民族复兴，心理健康教育在其中的作用不容忽视。已有心理学知识、技术等可以为心理健康教育体系的建设和发展提供理论基础，但终究需要结合新的问题和实际情况加以变通，逐步形成服务于心理健康的专业知识和技术等。正是由于我国传统文化对于心理健康教育思想发掘还不够，因此在服务社会心理的过程中难以发挥其作用。从前面的探讨中可以发现，禅宗中关于群体心理的探讨其实也是不少。如早期佛教在中国之所以能够传播，正是因为中华民族传统文化中顺其自然等社会从众心理，禅宗的内容诠释过程追求通俗化的理念和中华民族崇尚言简意约的思维心理是一致的，禅宗依托大乘佛教所提出的佛性论，强调人人皆有佛性，并通过简单的修行参悟就可以寻求心灵的寄托，这与中华民族内心的文化认同心理是一致的。同时，大乘佛教的普度众生的观念也是一种把社会看作整体的思想观念。这与心理学中对群体心理的关注具有很大的相似性。

综合禅宗的思想中所蕴含的心理健康教育思想观念与西方心理学心理健康思想来看，要做好心理健康服务建设工作，我们可以从以下几个方面做出努力。

一是将心理健康教育或是相关服务建设纳入国家治理体系。国家对于心理健康的重视不仅能够更好地助力心理学这一学科的发展，也能够更好地引起社会民众对心理健康的重视，形成“防微杜渐”的良好心理状况发展趋势，这有利于从根本上解决个体乃至社会心理问题。

二是提高个体心理健康素质。这是对于个体而言的，一个人的心理素质不仅直接影响日常生活中的情绪和状态，而且还会影响身体健康。“心身一体”的观念不管在东方还是西方都是大力提倡的，是古老的哲学观点，也是心理学观点，如冯特提出的“心身平行论”等。由此可见，心理状态和身体状态是相互影响的。

三是加强心理健康服务平台建设。现在较为普及的心理健康教育平台是学校开设的心理健康教育课程和成长辅导室，医院的精神科也逐渐建立起来。但是相比较而言，社会心理咨询机构很少，并且很多社会心理咨询诊所都无法以此谋得生存。除此之外，很多地方都是需要提供心理健康服务的，如社区需要家庭心理咨询或是婚姻咨询，或是企业需要开展的心理宣泄或是咨询平台。这些都是现实的需要，但是现在还需要加强建设和完善。

四是发挥中华优秀传统文化中有关心理健康教育思想的作用。推动我国传统文化中心理健康教育思想与西方心理学理论、技术融合，创造出能够促进社会个体内心和谐、健康发展的理论与技术。人的内心和谐是禅宗所追求的，一种身体与心理活动以及心理内部各因素和谐的状态。心理健康教育最基本的价值目标就是增进心理和谐，其中包括人的心理健康在内的整体健康。

总之，幸福始终是一种情感性的心理感受，物质的丰富程度无法决定一个人乃至一个社会的幸福感水平。因此，建立完善的群体心理服务与社会心理服务是实现人民幸福与提高社会整体幸福水平所迫切需要的。

2. 微观视野下心理健康教育改革

禅宗心理健康教育思想的探讨也是微观视野下心理健康教育改革中可以努力的方向之一。禅宗思想理论有很多关于个体心理状态的阐述，譬如人本主义中的“自我实现”与禅宗的“无我之境”都强调个体心理发展中自性的作用，认为自性对于个体发展有很大作用。这些关于禅宗思想与西方心理学理论与技术的研究我们在前面也介绍了很多。尽管不够深刻，但还是可以看到二者在许多心理健康教育思想上的借鉴作用。除东西方心理健康思想、学科间理论与技术的融合是微观视野下进行心理健康教育的改革方向外，完善对个体的心理健康教育服务也是另外的一个方向。从个体心理健康教育的角度出发，很多方面也是需要进行改善的。提高个体心理素质与心理能力，使个体能够更好地适应社会发展，既是国家推进全面发展的教育目标的要求，也是每个人健康成长中需要具备的东西。只有从内心真正接受心理健康的重要性，并相信心理健康的有效性，才有可能发挥心理健康理论与技术对个体的积极作用。

每个社会公民都应该具备良好的个性心理品质，如自尊、自信、乐观等，这就需要个体掌握必备的心理健康知识，练就必要的心理调节和适应的能力，就像每个人都应该懂点医学常识、安全常识、法律常识等，每个人也应该懂点心理健康知识。在各阶段的学校教育中都应该重视心理健康知识的教育，如开设心理健康教育课程、完善心理咨询服务、进行心理健康普查发现学生的心理健康问题、开展心理健康校园文化活动等，通过体验、学习和感悟的过程帮助学校成员保持心理健康。处在学校范围之外的个体，应该是通过心理健康知识类的书籍来获得相关的认识，但是由于现在市场上关于心理健康知识普及类的书籍良莠不齐，导致很多人产生了对心理健康教育类书籍的误解和反感，使得心理健康教育知识的普及对于学校之外的个体更加艰难，但还是需要寻找解决问题的方法。个体心理的研究已经开展了很多年，得到的成果也是较为丰富的，那么如何将之生活化和常识化也是个体心理研究努力的方向。微观视野下的心理健康教育改革，不仅要在心理健康教育思想、理论与技术上进行探索完善，还需要关注个体如何能够从中受益，也需要更多优秀的人才投入心理健康教育改革中。这些优秀人才既是已有心理健康教育思想的受益者，也是拓展与延伸心理健康教育思想的贡献者。

因此，微观视野下的心理健康教育改革应关注心理学研究人员的培养，尤其是实际应用研究的心理学人才的培养。这一点既在宏观视野下的心理健康教育改革中有所提及，在微观视野下的心理健康教育中也有关注。由此，我们可以看到在心理健康教育改革中，心理学人才的培养是非常重要的。在理论研究、学科融合、各类心理健康教育服务平台的建立和运行、咨询或治疗等心理技术的应用等方面都需要相关的专业人员。

对于个体心理的讨论，我们重点会在微观视野下的心理健康教育改革中进行。其实不论是从宏观还是从微观视野进行心理健康教育的改革，都是针对不同个体构成的整体，都是针对不同时代和文化背景下的心理健康教育思想这一整体的心理学领域，只是从不同的层次来看，我们会看到不一样的问题或挑战，产生不同的想法或是解决方式，但是殊途同归，都有同样的目标：使心理健康教育思想更成熟，使更多人受益。在21世纪的时代背景下，我们可以发现无论是哪个领域，人才、理论经验以及社会支持等因素都会深刻地影响其发展，心理健康教育改革也不例外。既然社会背景环境已然发生变化，心理健康教育思想与理论的发展也有新的面貌，那么依据新的社会背景进行心理健康教育改革也是时代赋予我们的使命。我们既不能沉浸在传统文化中的心理健康思想观念中而无法看到更宽广的心理学世界，也不能一味地引进西方心理健康教育理论和技术而不进行本土化的改造，而是应该站在东方与西方、传统与现代心理健康教育思想的交汇点上看待心理健康教育理论与技术的改革，这样我们才能更加全面、辩证地看待不同来源的心理健康教育思想观念。禅宗关于心理健康教育思想的探讨正是站在这个交汇点上对心理健康教育改革的一种尝试。但是本书所探讨的禅宗心理健康教育思想的内容也只是部分性的探讨，还不够深刻，这一主题还需要更多的努力来发现更多的心理健康教育思想内涵。

四、改革路径

禅宗中心理健康教育的实现观即通过种种方法实现心理健康教育塑造理想人格的终极目标。而实现终极目标任重而道远，人在成长的过程中往往因世俗种种纷扰而迷失本心。所以，心理健康教育的第一步是对心理健康的诊断，判断心理是否健康；第二步就是在诊断的基础上对心理健康问题的治疗；最后实现心理健康的终极目标，即塑造理想心理健康状态。

1. 心理健康的诊断标准确立

判断心理状态是否符合心理健康标准是实现终极解脱人格理想的第一步，对心理健康的诊断是心理健康教育的基础。随着本土心理学的兴起，从中国文化的背景下制定适合中国人的心理健康标准尤为重要。① 接下来将介绍一套心理健康标准。②

一是整体的心理和谐。人们的心理是一个有机的整体，是由各个组成部分和物体之间的联系形成的一个完整系统。因此，心理健康必须表示为心理整体或系统健康。但即使存在局部不和谐，只要不影响整体和谐，个人的心理在这种情况下仍然是健康的。

二是主动的心理和谐。健康的心理不是平淡的被动和谐，而是充满活力和活力的主动和谐。它保持明显的一致性或协调性，但对差异采取包容性态度，不刻意追求团结；它不避免矛盾、不害怕冲突，而是积极面对。

三是动态的心理和谐。人们的心理发展不是一成不变的，而是一个从平衡到不平衡再到平衡的过程。不能简单地说心理处于平衡状态时是健康的，因为人们的心理总是动态发展的，所以这取决于心理学的总体发展方向是朝着和谐还是朝着更高的和谐水平发展。也不能认为心理处于不平衡状态时是不健康的，当心理平衡或和谐状态被打破时，个人能够尽快恢复到心理和谐状态，也便是健康的心理状态。

四是连续的心理和谐。心理健康还是一种稳定的人格特质，是个人心理的一种长期习惯，而不是一种短期的生活状态，其心理和谐状态不会随情况的变化而从根本上改变，也不会轻易因挫败感或压力而被破坏。

这些标准是一个有机的整体，无论哪一条标准不符合都可能被鉴别为心理处于非健康状态，且会与社会功能的损坏程度相关。通过心理健康标

① 马翠萍，茄学萍．论中国文化背景下心理咨询的本土化［J］．牡丹江教育学院学报，2008（6）：81－82.

② 阳泽．心理健康观的审视与再建［J］．西南大学学报（社会科学版），2010，36（3）：146－151.

准了解自己的身心状况，加强道德修养，增进心理素质，才能更好地适应社会。只有认清自己的心理健康状态才能进行进一步治疗或者维护，提高自己的心理健康水平，提升精神境界，从而实现终极目标。

2. **心理健康问题的治疗**

禅宗提倡的是一种身心整体健康观，注重身体健康的同时更强调心理健康的维护。禅对心理健康的维护有护心与对治两条途径，烦恼未起时守护心，烦恼正起时对治心。护心即心理保健，禅宗非常注重心理的保健，云“不调御六根，不密守护而不修者，必受苦报”，提出了烦恼即菩提、涅槃之乐、自觉觉他、随缘任运等思想来维护心理健康状态。禅宗对于心理状态没有达到心理健康标准的情况提出了对治的想法，通过改变认知或对行为的训练达到明心见性的目标，实现心理状态从不健康到健康的质的转变。

西方心理咨询、心理治疗思想与禅宗思想方法一样都能有效帮助解决人们心理问题，对此，不同的心理学治疗流派也提出了不同的方法来应对各种心理症状，其中也蕴含着许多禅宗思想。已有研究者对此进行了探究，致力于寻找心理治疗和禅宗思想在目的、方法上的相似性；也有部分学者研究两者在核心思想和实施方法等方面的互补之势。其中正念疗法的治疗观吸收了禅宗开悟论的破执思想，认为人性本净，是无分别、无妄念、无烦恼的，强调在看到自身的缺陷后，要接纳自己，与自身和谐相处，不要勉强自己，① 这与禅宗的破除我执与法执如出一辙。森田疗法的治疗观吸收了禅宗“正受不受”的思想，主张对症状采取“不问”的态度，当症状出现时，要顺应自然。禅宗开悟论强调人的思维方式或是认知方式的改变，认知流派的治疗观同样强调通过纠正负性情绪以及认知失调达到认知重建。精神分析疗法通过患者自省意识到症状的真正隐意而达到

---

① 冯宏维．禅宗哲学在心理疗法的应用［C］//武汉大学哲学学院．Proceedings of Conference on Psychology and Social Harmony（CPSH2012），2012：307－313.

领悟，通过治疗师的疏导，使欲望得到满足，消除矛盾，最终所达到的状态都与禅宗开悟后的清醒状态相似。但是禅宗思想与西方心理咨询或治疗的一些理念有所冲突，因此将禅宗思想与心理治疗、心理咨询的理论观点更好地结合运用于实际还有很长的路要走。

3. 理想心理健康状态的塑造

如同禅宗的修行方法一样，在心理状态符合心理健康标准之后，要想进一步提高心理健康水平，必须经过量的积累才能有质的转变，从而实现终极层面的目标。禅宗中的顿悟成佛是有关人性终极层面的思想，对心理健康教育的终极层面的研究具有重大的启发和借鉴意义。

禅宗的人格理想是终极解脱。根据《坛经》的历史文化背景和《坛经》关于心理生活的本义，禅宗的心理健康状态理想“终极解脱”可以概括为两个方面：超越精神和自由境界。① 把超越的概念用于禅的理想心理健康状态，是指心理状态突破心理健康标准，实现心理状态的升华和心灵境界的拓展。这种升华和拓展是以般若中观的不二法门破除妄执，以中国传统的心性论导向现实，使禅宗的追求由超尘出世变成即妄而真。禅宗的超越精神可概括为如下几个方面：众生而成佛、烦恼而成菩提、无明而成智慧、不舍生死而入涅槃。②

《坛经》所追求的自在解脱的心理生活状态，和当代西方许多心理学流派所追求的解除人的心理压抑、建设健康的心理生活的目标是一致的。从心理学的视角看，禅悟既是一种心理解脱的境界，也是一种心理解脱的方法。正念疗法关于如何实现人性的最终归宿的方法，核心是通过吸收禅宗思想中的观空思想，强调放下世间琐事的好恶，全身心投入当下，感受当下情绪，最终实现生命的本然状态。森田疗法认为最终人格达成的理想

---

① 梁海虹．对禅宗“终极解脱”的心理学分析［J］．西北大学学报（哲学社会科学版），2005，35（3）：64－68.

② 董群．祖师禅［M］．杭州：浙江人民出版社，1997.

状态是顺其自然的，强调不把注意力过分集中在痛苦上从而消除精神交互作用，最终所达到的状态与佛教实现观强调的空、不执着、烦恼即菩提等思想是一致的。放松静默疗法吸收了禅宗思想的“坐禅”修行方式，如日本的静默练习采取了坐禅方式，同时它也超越了坐禅的简单修行，让治疗者在放松状态下梳理内心世界，进入与自己的内在节律融合一致的状态，①从而提高自信心，增强心理健康。认知疗法流派强调治疗者指引当事人去自我发觉，提升自我价值感，推动个体通过摆脱阻碍成长的不合适信念系统的影响而达到自我实现，这类似于禅宗主张的要认识自我的本性以及世界的本质，就必须改变日常生活的思维习惯，去寻找一种认识的新方法、新途径。由此可见，将禅宗思想与心理咨询、心理治疗理念相结合有助于更好地将禅宗心理健康教育思想传播、推广至中国本土文化之中。

总之，要实现心理健康教育的终极目标，最基本的就是对心理状态进行诊断，判断心理是否健康，再在对心理健康诊断的基础上维护我们的心理健康、提高我们的心理健康水平，使我们在面对生活中种种纷扰时能保持本心清净，最终达到塑造理想心理健康状态的终极目标。

---

① 李慧．论禅宗心性论：从心理治疗角度探析［D］．郑州：郑州大学，2011：1－45．

结 语

纵观历史，每一个时间点都是十字路口。虽然从过去到现在只剩单行道，但未来仍有无数岔路可走。其中某些路比较宽、比较平坦，路标比较明确，所以也是可能的选择。① 从宏观层面来讲，文明发展让主流文明愈发强势，弱势文明逐渐边缘化。主流文明在发展过程中吸收着弱势文明中的有益思想，最终主流文明深度和广度远超以往。因此，人类文化发展轨迹应该是从诸多小文化独自发展，到强势文化各霸一方，再到全球文化单一趋同，而这应该是人类发展无法避免的结果。合久必分只是一时，分久必合才是不变之大趋势。②

当我们的视角从宏观转向微观，可以发现，当诸多文化逐渐融合成一种大型文化的时候，也是大型文化支离破碎的开始。世事如此，禅宗亦然。禅宗与心理健康教育思想的融合过程，也逃不脱历史规律。马克思主义哲学告诉我们，我们只有在尊重客观规律的前提下，充分发挥主观能动性，才能更好地解决客观存在的问题。我们不能片面强调人的主观能动性，违背客观规律；也不能片面强调客观规律，不重视人的主观力量。我们能做的，就是在遵守文明存在及发展的客观规律前提下，探索一切可能

① 尤瓦尔·赫拉利. 人类简史 [J]. 杭州金融研修学院学报，2017（10）：82.
② 尤瓦尔·赫拉利. 人类简史 [J]. 杭州金融研修学院学报，2017（10）：82.

的道路。

因此，系统研究、批判地继承禅宗心理健康教育思想中的合理内容、方法体系，总结与借鉴其成功的经验，并根据现实需要，赋予其时代的内涵，进行创造性转化，推陈出新，这是对于当前教育工作的全面创新，具有非常重要的参考价值和现实借鉴意义。“周虽旧邦，其命维新”（《诗经·大雅·文王》），我国禅宗心理健康教育思想在今天应该也可以焕发它应有的光辉。

参考文献

一、专著类

［1］艾里希·弗洛姆．逃避自由［M］．刘林海，译．上海：上海译文出版社，2015.

［2］班华．心育论［M］．合肥：安徽教育出版社，1994.

［3］本孝居士．养心禅：激发心灵能量的生活禅修［M］．长春：东北师范大学出版社，2012.

［4］陈兵．佛教心理学［M］．高雄：佛光出版社，2007.

［5］陈力．医学心理学与精神病学［M］．北京：人民卫生出版社，2001.

［6］董群．祖师禅［M］．杭州：浙江人民出版社，1997.

［7］方斌居士．六祖大师法宝坛经［M］．广州：羊城晚报出版社，2011.

［8］弗洛姆，铃木大拙，马蒂诺．禅宗与精神分析［M］．王雷泉，冯川，译．2 版．贵阳：贵州人民出版社，1998.

［9］弗洛伊德．精神分析学引论·新论［M］．罗生，译．2 版．南昌：百花洲文艺出版社，2009.

［10］郭召良．认知行为疗法入门［M］．北京：人民邮电出版社，2020.

［11］横田紘一．唯识思想入门［M］．许洋主，译．台北：东大图书公司，2002.

［12］洪修平．中国禅学思想史纲［M］．南京：南京大学出版社，1994.
［13］黄希庭．大学生心理健康教育［M］．上海：华东师范大学出版社，2004.
［14］惠能．六祖坛经：敦煌《坛经》读本［M］．邓文宽，校注．沈阳：辽宁教育出版社，2004.
［15］慧能．坛经校释［M］．郭朋，校释．北京：中华书局，1983.
［16］赖永海．佛学与儒学［M］．杭州：浙江人民出版社，1992.
［17］李泽厚．中国古代思想史论［M］．北京：生活·读书·新知三联书店，2008.
［18］吕澂．印度佛学源流略讲［M］．上海：上海人民出版社，2005.
［19］毛荣生．禅宗文化纵横谈［M］．上海：上海古籍出版社，2001.
［20］梅兰妮·克莱因．梅兰妮·克莱因的七堂精神分析课［M］．冀晖，译．北京：北京理工大学出版社，2020.
［21］彭运石．大学生心理健康教程［M］．长沙：湖南科学技术出版社，2009.
［22］普济．五灯会元［M］．北京：中华书局，1984.
［23］乔·卡巴金．正念：此刻是一枝花［M］．王俊兰，译．北京：机械工业出版社，2015.
［24］圣严法师．五停心·四念处［M］．北京：华夏出版社，2011.
［25］坛经［M］．尚荣，译注．北京：中华书局，2013.
［26］王登峰．应用心理学书系：临床心理学［M］．北京：人民教育出版社，1999.
［27］王维．王摩诘文集［M］．影印本．上海：上海古籍出版社，2013.
［28］魏道儒．白话坛经［M］．西安：三秦出版社，2002.
［29］吴言生．禅宗思想渊源［M］．北京：中华书局，2001.
［30］徐光兴．心理禅：禅学与现代心理治疗［M］．合肥：安徽人民出版

社，2013.

[31] 亚伯拉罕·马斯洛．动机与人格：第3版［M］．许金声，等译．北京：中国人民大学出版社，2013.

[32] 杨曾文．六祖坛经：敦煌新本［M］．北京：宗教文化出版社，2001.

[33] 杨惠南．佛学的革命：六祖坛经［M］．北京：东方出版社，2007.

[34] 杨鑫辉，龚浩然．心理学通史［M］．济南：山东教育出版社，2000.

[35] 尹立．精神分析与佛学的比较研究［M］．成都：巴蜀书社，2003.

[36] 尤瓦尔·赫拉利．人类简史：从动物到上帝［M］．林俊宏，译．2版.北京：中信出版社，2017.

[37] 张玲．心理健康研究与指导［M］．北京：教育科学出版社，2001.

[38] 张源侠．空镜救心：中国禅与现代心理诊疗［M］．北京：中国戏剧出版社，2005.

[39] AUSTIN J H. Zen and the brain: toward an understanding of meditation and consciousness [M]. London: Massachusetts Institute of Technology, 1998.

[40] FREUD S. A general introduction to psychoanalysis [M]. New York: Horace Liveright, 1920.

[41] FREUD S. The psychopathology of everyday life [M]. New York: W. W. Norton & Company, 1989.

[42] FREUD S. A general introduction to psychoanalysis [M]. Charleston: Create Space Independent Publishing Platform, 1920.

[43] FREUD S. Civilization and its discontents [M]. Peterborough: Broadview Press, 2015.

[44] FROMM E, Anderson L A. The sane society [M]. London:

Routledge，2017.

[45] MASLOW A H. Self-actualizing people：a study of psychological health [C] //Personality Symposium，1950.

[46] ROGERS C R. On becoming a person：a therapist's view of psychotherapy [M]. London：Constable，1967.

二、报刊文章类

[1] 艾振刚. 禅宗的主体教育思想初探 [J]. 苏州铁道师范学院学报（社会科学版），2000（4）.

[2] 安容瑾. 禅宗思想与现代西方心理治疗流派关系解析 [J]. 甘肃高师学报，2008，13（6）.

[3] 柏元海. 禅宗的传教方法对禅宗发展的影响 [J]. 首都师范大学学报（社会科学版），2010（1）.

[4] 毕金仪. 认知疗法的概念及应用 [J]. 中国社区医师，2006（19）.

[5] 毕秀芹. 森田疗法理论渊源探究 [J]. 医学与哲学，2020，41（4）.

[6] 车文博，黄冬梅. 美国人本主义心理学哲学基础解析 [J]. 自然辩证法研究，2001（2）.

[7] 陈超. 禅宗精神及其对现代人生的意义 [J]. 福建教育学院学报，2000（3）.

[8] 陈光磊. 心理健康标准与大学生心理健康 [J]. 南通大学学报（教育科学版），2005（2）.

[9] 陈利. 论认知疗法的基本原理及实操步骤 [J]. 智库时代，2018（40）.

[10] 陈生. 存在：人本主义疗法评析 [J]. 山西大同大学学报（社会科学版），2007（1）.

[11] 陈文贵. 放松疗法有益身心 [J]. 少林与太极，2013（7）.

[12] 陈雪峰．青少年心理健康问题的影响因素与应对［J］．人民论坛，2024（16）．

[13] 陈雪峰．社会心理服务体系建设的研究与实践［J］．中国科学院院刊，2018，33（3）．

[14] 陈中权．略论儒道禅的共通性［J］．中共杭州市委党校学报，2016，17（6）．

[15] 程志立，张其成．禅宗牧牛图对现代心理治疗技术的启示［J］．医学与哲学（人文社会医学版），2010，31（3）．

[16] 迟延萍．试论现代心理学与东方佛教的融合［J］．陕西师范大学继续教育学报，2001（1）．

[17] 储冬冬，王青志．正念与心理咨询师的自我运用［J］．社会心理科学，2013，28（5）．

[18] 崔玉卿．禅宗的发展以及在中国佛教史上的作用［J］．五台山研究，2007（4）．

[19] 戴传江．缘起论与佛教的生命观［J］．中国宗教，2010（8）．

[20] 邓云龙，戴吉．心理健康标准的中国文化解读尝试［J］．中国临床心理学杂志，2010（1）．

[21] 丁小平，张怀承．观心显性：佛教道德的本体开显［J］．船山学刊，2019（1）．

[22] 丁小平．禅宗“呵佛骂祖”的真义［J］．湖南工业大学学报（社会科学版），2013，18（3）．

[23] 丁小平．佛教道德的双重维度［J］．伦理学研究，2019（4）．

[24] 段青青．浅谈禅宗对心理治疗的启示［J］．科技信息，2009（16）．

[25] 范向阳．论个体心理健康的机制［J］．贵州师范大学学报（社会科学版），2000（3）．

[26] 范向阳．中西医病理学中的认知差异对探索中国认知心理的启示

[J]. 贵州师范大学学报（自然科学版），2006，24（4）.
[27] 方立天. 禅·禅定·禅悟 [J]. 中国文化研究，1999（3）.
[28] 方立天. 论南顿北渐 [J]. 世界宗教研究，2000（1）.
[29] 方立天. 中国佛教慈悲理念的特质及其现代意义 [J]. 文史哲，2004（4）.
[30] 方舒. 试论人本主义治疗理论与积极心理学的治疗观 [J]. 山西师大学报（社会科学版），2012（S1）.
[31] 冯大彪. 从类哲学看西方心理学的人性观 [J]. 青海师范大学学报（哲学社会科学版），2007（6）.
[32] 傅小兰. 加强社会心理服务体系建设 [J]. 人民论坛，2017（2）.
[33] 傅映兰. 《坛经》的不二佛性 [J]. 宜春学院学报，2019，41（4）.
[34] 葛为群. 论公正作为世界观与价值观教育的理论与模式 [J]. 学校党建与思想教育，2018（3）.
[35] 葛兆光. 禅宗与中国文化 [J]. 紫光阁，2011（10）.
[36] 郭本禹. 沙利文人际精神分析理论的新解读 [J]. 南京师大学报（社会科学版），2017（3）.
[37] 郭建平，顾明栋. 禅悟在跨文化语境下的理性解读：从胡适与铃木大拙关于禅宗的争论谈起 [J]. 南京大学学报（哲学·人文科学·社会科学），2014，51（3）.
[38] 韩凤鸣，李永. 本质与诠释：论禅宗对"本质"的解释进路 [J]. 四川大学学报（哲学社会科学版），2009（5）.
[39] 韩凤鸣. 禅宗平常心主张的伦理本怀 [J]. 浙江学刊，2010（2）.
[40] 郝红杰. 森田疗法：来自日本的认知行为疗法 [J]. 日本问题研究，2007（4）.
[41] 何妍，俞国良. 新时代中小学心理健康教育的自我更新 [J]. 中小学心理健康教育，2021（1）.

[42] 洪修平，陈红兵．论中国佛学的精神及其现实意义［J］．世界宗教研究，2011（1）．

[43] 胡鹏，方丽，丁少锋．佛教静坐治疗抑郁症的临床对照研究［J］．临床医药文献电子杂志，2019（97）．

[44] 胡政光．浅谈心理学各学派的教育启示［J］．知识文库，2017（6）．

[45] 黄春忠．禅宗佛性论、修行方法论及其管理学价值［J］．中山大学研究生学刊（社会科学版），2015，143（2）．

[46] 黄河．精神分析理论在1例强迫症咨询中的应用［J］．中国医学工程，2011（11）．

[47] 姬兴涛，叶存春．论人本主义心理学的人格观及教育观［J］．云南师范大学学报，2002，3（5）．

[48] 见心．慈悲喜舍四无量心的现实意义和作用［J］．法音，1989（10）．

[49] 金荷香．人本主义心理疗法在中国心理咨询实践中的应用与创新探索［J］．校园心理，2017（4）．

[50] 金勇，郭力平．心理健康观的历史演进［J］．心理科学，1998（5）．

[51] 荆三隆．佛教修心思想与现代文明的互动［J］．五台山研究，2010（2）．

[52] 蓝纯，高秀平．从认知视角看《心经》和《金刚经》中的概念隐喻［J］．外语教学与研究，2016，48（1）．

[53] 李存峰，曹光法，葛明贵．当代大学生创造性人格的心理分析与培养［J］．安徽广播电视大学学报，2008（3）．

[54] 李逢战，路惠捷，杨群，等．森田心理疗法在我国的本土化应用［J］．中国医药导报，2017，14（24）．

[55] 李建伟，王立娜，王英．佛教与心理治疗的融合：佛教的禅修方法在心理治疗中的运用［J］．医学与哲学（人文社会医学版），2015，

36（11）.

［56］李如密.《坛经》中的教学艺术初探：读禅悟教之一［J］. 当代教育与文化，2011（2）.

［57］李振涛，靳陶聪. 住院森田疗法治疗神经症［J］. 中国心理卫生杂志，1988（5）.

［58］李稚琳. 正念及其在心理咨询中的研究［J］. 当代教育实践与教学研究，2019（24）.

［59］梁海虹. 对禅宗"终极解脱"的心理学分析［J］. 西北大学学报：哲学社会科学版，2005，35（3）.

［60］梁仁华. 禅宗与社会稳定［J］. 井冈山师范学院学报，1996（6）.

［61］林丹. 认知疗法及其在临床上的应用研究［J］. 社会心理科学，2005（2）.

［62］刘方. 禅门公案的性质，特征与价值［J］. 宗教学研究，2003（1）.

［63］刘桂萍. 正念疗法的概述及其评述［J］. 教育教学论坛，2015（9）.

［64］刘如平. 西方经典心理治疗流派的自我病理观及其教育启示［J］. 陕西学前师范学院学报，2015（3）.

［65］刘勇. 佛教禅定修习的基本条件与自我调理［J］. 少林与太极，2009（8）.

［66］卢升法. 略论佛教哲学的基本范畴：缘起［J］. 渭南师范学院学报，1991，6（1）.

［67］卢伟伟. 席勒的"完整人"对"现代人"的救赎［J］. 美与时代，2021（1）.

［68］卢琰. 高校心理健康教育服务体系的建立与完善［J］. 湖北经济学院学报（人文社会科学版），2015（7）.

［69］陆敬闪，吴远. 禅的顺应自然与森田疗法［J］. 甘肃农业，2006（12）.

[70] 马翠萍，茄学萍．论中国文化背景下心理咨询的本土化［J］．牡丹江教育学院学报，2008（6）.
[71] 马文有．住院森田疗法家庭病床治疗神经症尝试［J］．中国行为医学科学，2005，14（3）.
[72] 木子．社会心理服务体系建设与专业社会工作发展的思考［J］．中国社会工作，2018，343（19）.
[73] 倪梁康．赖耶缘起与意识发生：唯识学与现象学在纵—横意向性研究方面的比较与互补［J］．世界哲学，2009（4）.
[74] 潘桂明．大乘中观学派［J］．科学与无神论，2000（4）.
[75] 庞晓华，黄艳．精神分析焦虑理论的发展路径探究［J］．山西高等学校社会科学学报，2016（12）.
[76] 彭彦琴．慈悲喜舍：慈心禅与心身健康［J］．南京师大学报（社会科学版），2018，217（3）.
[77] 彭运石．心理学的整合视野［J］．湖南师范大学教育科学学报，2002，1（1）.
[78] 皮朝纲，刘方．百年美学：现代与中国传统［J］．西南民族大学学报（人文社科版），2000（2）.
[79] 秦化森．禅宗“平常心是道”解析［J］．天府新论，2008（6）.
[80] 秦萌．不二法门与禅宗参话头［J］．佛学研究，2014（1）.
[81] 任继愈．神秀北宗禅法［J］．中国社会科学，1990（2）.
[82] 阮功信．正念禅修对于心理健康的维护［J］．智富时代，2016（4）.
[83] 申艳娥．心理学流派中的人性观［J］．贵州工业大学学报（社会科学版），2007（1）.
[84] 沈贵鹏．心育有法，但无定法：心理健康教育方式方法探析［J］．中小学心理健康教育，2002（1）.

[85] 石林，李睿．正念疗法：东西方心理健康实践的相遇和融合［J］．中国临床心理学杂志，2011，19（4）．

[86] 石文山．佛教般若思想的心理治疗意蕴［J］．心理学探新，2013，33（3）．

[87] 石文山．美国正念禅修的心理学化实证研究［J］．徐州师范大学学报（哲学社会科学版），2012，38（5）．

[88] 史继忠．儒道佛的纷争与融合［J］．贵州民族大学学报（哲学社会科学版），1993（3）．

[89] 释圣凯．禅与情绪管理［J］．佛教文化，2016（4）．

[90] 释心平，储冬冬．当代佛教正念禅修对人生影响之研究［J］．法音，2014（9）．

[91] 司马春英，倪梁康．瑜伽行派的现象概念［J］．中国现象学与哲学评论，2015（1）．

[92] 孙劲松．延寿一心六度说述评［J］．佛学研究，2008（1）．

[93] 孙照金．禅宗和文人画［J］．世界宗教文化，2006（3）．

[94] 谭素芬，吴希林，邓云龙．中国禅学的人性观及对心理治疗的启示［J］．中国临床心理学杂志，2012（1）．

[95] 唐丽莹，叶江洪，章亚娟，等．认知疗法对脑卒中后抑郁和认知障碍的疗效观察［J］．解放军护理杂志，2002（4）．

[96] 唐思鹏．十二缘起与染净因果［J］．浙江佛教，2001（2）．

[97] 唐勇，周琼．浅论慧能思想与中国心性哲学的关系［J］．韶关学院学报，2013，34（1）．

[98] 汪建武．佛教基本教义探析［J］．湖北师范学院学报（哲学社会科学版），2003（2）．

[99] 汪新建．罗杰斯关于心理病理现象的研究［J］．医学与哲学，1999

(9).

[100] 王敬．“当头棒喝”开始了穆青记者生涯［J］．新闻与写作，2005 (3).

[101] 王俊秀．从心理健康到幸福社会［N］．光明日报，2019－01－18 (11).

[102] 王璐．自我与我执：浅谈佛教之无我［J］．淮北煤炭师范学院学报（哲学社会科学版），2010，31（2）.

[103] 王启月．来访者中心疗法在高血压患者心理护理中的应用［J］．天津护理，2012，20（4）.

[104] 王求是，刘建新．不思善恶，本性自现：禅宗的心性思想与罗杰斯的心理治疗理论之比较［J］．宗教学研究，2007（3）.

[105] 王荣益．临济“四料简”“四照用”略论［J］．五台山研究，2007 (1).

[106] 王珊珊，陈晶晶，王磊，等．放松训练的研究现状与展望［J］．实用医药杂志，2012，29（9）.

[107] 王庭照，张凤琴，方俊明．现代认知心理学的应用认知转向［J］．陕西师范大学学报（哲学社会科学版），2007（4）.

[108] 王新婷．从禅宗看佛教的中国化［J］．湖南科技大学学报（社会科学版），2010（1）.

[109] 王新旭，董铭．高中生心理波动探析与心理素质培养［J］．校园心理，2019（1）.

[110] 王雅平．禅宗的中国化及研究述评［J］．学海，2015（4）.

[111] 王玉岭．烦恼即菩提［J］．健身科学，2014（1）.

[112] 魏艾．解脱之路：三无漏学［J］．法音，1982（5）.

[113] 魏吉槐，唐秋萍，邓云龙．简析中国禅学中的心理病理观［J］．中

国临床心理学杂志，2012（2）.
[114] 温泉润．森田疗法在中国的发展［J］．健康心理学杂志，2001，9（3）.
[115] 吴宏伟．马斯洛的需要层次理论及哲学底蕴［J］．哈尔滨市委党校学报，2006（2）.
[116] 吴建云．浅谈佛教心理学说中的理想人格构建［J］．北京电力高等专科学校学报（社会科学版），2010，27（7）.
[117] 吴梦．试论原始佛教的缘起思想［J］．法音，2020（3）.
[118] 吴言生．禅宗哲学象征［J］．民办教育研究，2005（3）.
[119] 伍先林．东山法门的禅法思想特征［J］．佛学研究，2015（1）.
[120] 伍先林．神秀的禅法思想［J］．佛学研究，1999（00）.
[121] 习罡华．简论唐代禅宗的双重革命［J］．地方文化研究，2020（1）.
[122] 肖新燕．浅析认知心理治疗理论及实践［J］．乌鲁木齐职业大学学报，2007（2）.
[123] 熊捍宏．森田疗法与佛学思想关系的探讨［J］．广西中医学院学报，2004（2）.
[124] 熊韦锐，于璐．禅宗心性学说中的心理治疗思想探究［J］．心理学探新，2010，30（2）.
[125] 徐建成．论几个经典心理学流派的人性假设［J］．江苏第二师范学院学报，2007，23（4）.
[126] 许婵贞．认知疗法的整合性发展［J］．社会心理科学，2008，23（5）.
[127] 阳泽．心理健康观的审视与再建［J］．西南大学学报（社会科学版），2010，36（3）.

[128] 杨曾文. 佛教戒律和唐代的律宗 [J]. 中国文化，1990 (2).

[129] 杨光文. 刘一明的修心养性思想及其现代思考：以《神室八法》为例 [J]. 宗教学研究，2004 (4).

[130] 杨彤. 放松训练技法 [J]. 大众心理学，2003 (5).

[131] 杨雨晨，任安波. 正念疗法的去宗教化进程 [J]. 科学与无神论，2018 (4).

[132] 叶浩生. 认知心理学：困境与转向 [J]. 华东师范大学学报（教育科学版），2010 (1).

[133] 叶浩生. 文化模式及其对心理与行为的影响 [J]. 心理科学，2004 (5).

[134] 余青云. 基于正念禅修的心理疗法述评 [J]. 湖北经济学院学报（人文社会科学版），2010，7 (2).

[135] 余绍霞. 陶渊明《饮酒·其五》的“禅那”意境 [J]. 顺德职业技术学院学报，2007，5 (4).

[136] 俞国良. “心育研究”的思路解析与心路历程 [J]. 中国教育科学，2020，3 (3).

[137] 袁经文. 见道与参禅 [J]. 深圳大学学报（人文社会科学版），2014 (4).

[138] 张粹然. 禅宗与心理治疗 [J]. 成都大学学报（社会科学版），2004 (1).

[139] 张辉. 四种心理学派人性观之浅说 [J]. 读写算：教师版，2007 (7).

[140] 张俊峰，戴炜，郭青山，等. 改良森田疗法治疗焦虑障碍临床疗效研究 [J]. 神经损伤与功能重建，2019，14 (8).

[141] 张丽萍. 坚持以人民为中心做好交通强国铁路先行的践行者 [J].

理论学习与探索，2018（6）.

[142] 张天布．禅宗参话头在精神动力学心理治疗解决阻抗中的整合运用[J]．中国心理卫生杂志，2007，21（12）.

[143] 张天布．驻相与阻抗：精神分析学心理治疗与禅宗参悟的异曲同工[J]．中国心理卫生杂志，2005（7）.

[144] 张再林．生命的身心一体及其通达之途：心理的“正念疗法”的哲学启示[J]．西北大学学报（哲学社会科学版），2014，44（6）.

[145] 郑超，赵东华．浅析禅宗的起源与发展[J]．东方企业文化，2010（18）.

[146] 郑国铎，周清玲．马斯洛自我实现观评析：兼论实践在自我实现中的决定作用[J]．山西师大学报（社会科学版），2001，15（1）.

[147] 周全田．禅宗文化的悟性[J]．安徽大学学报，2005（5）.

[148] 朱海娟．弗洛伊德与罗杰斯的心理致病机制比较[J]．医学与哲学，2008，29（7）.

[149] 朱浩．“自我实现”与“无我之境”：人本主义心理治疗与禅宗自我观之比较[J]．宿州学院学报，2011（4）.

[150] 邹苏．认知重建法与催眠疗法的比较研究[J]．校园心理，2016，14（4）.

[151] CALDWELL K，HARRISON M，ADAMS M，et al. Developing mindfulness in college students through movement-based courses：effects on self-regulatory self-efficacy，mood，stress，and sleep quality[J]. Journal of American College Health，2010，58（5）.

[152] DEMARCO-SINATRA J. Relaxation training as a holistic nursing intervention[J]. Hol Nursing Practice，2000，14（3）.

[153] DUNCAN L，WEISSEENBURGER D. Effects of a brief meditation

program on well-being and loneliness [J]. TCA Journal, 2003 (31).

[154] HAN T R, PAIK N J, PARK J W. Quantifying swallowing function after stroke: a functional dysphagia scale based on videofluoroscopic studies [J]. Archives of Physical Medicine & Rehabilitation, 2001, 82 (5).

[155] KABAT-ZINN J. An outpatient program in behavioral medicine for chronic pain patients based on the practice of mindfulness meditation-theoretical consideration and preliminary results [J]. General Hospital Psychiatry, 1982, 4 (1).

[156] KABAT-ZINN J. Mindfulness-based interventions in context: past, present, and future [J]. Clinical Psychology: Science and Practice, 2003, 10 (2).

[157] KHARE K C, NIGAM S K. A study of electroencephalogram in meditators [J]. Indian J Physiol Pharmacol, 2000, 44 (2).

[158] LANE J D, SESKEVICH J E, PIEPER C F. Brief meditation training can improve perceived stress and negative mood [J]. Alternative Therapies in Health and Medicine, 2007 (13).

[159] 김성수. A bibliographic research on the Zen Ideology of musim presented by Baegun-Hwasang [J]. Journal of the Institute of Bibliography, 2020.

三、学位论文类

[1] 陈春国. 佛教禅宗对维护心理健康的价值 [D]. 武汉：华中师范大学，2014.

[2] 陈艳芳. 中医心理疗法与森田疗法的比较研究 [D]. 哈尔滨：黑龙江中医药大学，2007.

[3] 成建华. 龙树与中国佛教哲学 [D]. 北京：中国社会科学院研究生院，2003.

[4] 冯相磊. 佛陀缘起思想探析 [D]. 天津：南开大学，2010.

[5] 付仁勇. 禅与人本主义心理学 [D]. 昆明：云南师范大学，2013.

[6] 郭新宇. 基于认知心理学的中医诊疗思维过程探究 [D]. 北京：北京中医药大学，2012.

[7] 韩传强. 禅宗北宗研究 [D]. 南京：南京大学，2012.

[8] 胡秀红. 禅宗教育心理思想特色及其现代意义 [D]. 贵阳：贵州师范大学，2009.

[9] 霍树云. 论禅定与心理分析 [D]. 太原：山西大学，2011.

[10] 李华华. 禅宗心性论的发展历程研究 [D]. 合肥：安徽大学，2003.

[11] 李慧. 论禅宗心性论：从心理治疗角度探析 [D]. 郑州：郑州大学，2011.

[12] 李艳. 弗洛姆人本主义思想及其当代启示再探 [D]. 合肥：安徽大学，2019.

[13] 刘飞. 论《坛经》修行观中的“矛盾”与圆融 [D]. 长沙：湖南大学，2019.

[14] 刘宣廷. 对阿赖耶识的哲学性统观 [D]. 南宁：广西大学，2015.

[15] 卢扬. 弗洛姆人性思想及其时代价值探析 [D]. 长春：吉林大学，2014.

[16] 陆敬闪. 禅宗思想对心理治疗的启示 [D]. 南京：河海大学，2007.

[17] 孟祥寒. 正念训练和放松训练对中学生考试焦虑的干预研究 [D]. 天津：天津师范大学，2013.

[18] 潘蒙孩．《坛经》禅学新探［D］．北京：中国社会科学院研究生院，2010.
[19] 阮氏美仙（NGUYEN THI MYTIEN）．《坛经》心理道路研究［D］．武汉：华中师范大学，2014.
[20] 阮氏桃．禅宗与现代心理疗法［D］．武汉：华中师范大学，2007.
[21] 宋玉波．佛教中国化历程研究［D］．西安：西北大学，2004.
[22] 谭素芬．中国禅学的心理健康思想探析［D］．长沙：中南大学，2012.
[23] 唐隆君．卡巴金正念减压疗法的佛教因素探析：以马哈希内观禅和中国禅宗为考察重点［D］．西安：西北大学，2019.
[24] 王晋飞．慧能不二观初探［D］．武汉：华中科技大学，2019.
[25] 王荣益．禅宗发展的唯识学背景研究［D］．成都：四川省社会科学院，2008.
[26] 温为才．禅宗美学对设计的启示［D］．北京：北京理工大学，2014.
[27] 吴畏．论《杂阿含经》解脱方法［D］．北京：首都师范大学，2013.
[28] 谢赐元．无明与解脱［D］．长沙：湖南师范大学，2013.
[29] 熊韦锐．正念疗法的人性论迷失与复归［D］．长春：吉林大学，2011.
[30] 詹伟鸿．卡尔·罗杰斯人本哲学思想及渊源探析［D］．南昌：江西师范大学，2007.
[31] 赵永华．《金刚经》与禅宗思想影响的研究［D］．昆明：云南师范大学，2013.
[32] 郑小璐．精神分析与佛学自我观的比较研究［D］．合肥：安徽大

学，2014.

［33］周玮超．韩国蛇神话母题及其文化意蕴研究［D］．济南：山东大学，2016.

［34］周祥钰．憨山大师禅修思想研究［D］．成都：四川大学，2005.

［35］庄艳．禅修对心理咨询师职业耗竭的干预研究［D］．上海：华东师范大学，2008.

［36］左欣．《坛经》的实修思想研究［D］．保定：河北大学，2011.

后 记

这本小册子是在我的博士论文的基础上扩充修改而成的，在湖南师大求学的经历，成为我人生历程中最美好最难忘的记忆，导师彭运石教授既是宽厚的长者，又是严格的业师，既鼓励我独立探索，寄予充分的信任和期望，又字斟句酌，悉心批阅，点拨启发，耐心教导。《禅宗心理健康教育意蕴与当代价值研究》能够成功付梓，凝聚了老师很多的心血与精力，由衷地向老师说一声谢谢您！

在求学过程中，我还得到燕良轼教授、尹华站教授、丁道群教授、毛晋平教授、钟毅平教授、史滋福教授等良师的诸多指导与帮助，难以尽述。

由郭永玉教授、彭彦琴教授、张怀承教授、燕良轼教授、丁道群教授组成的答辩委员会对我的论文进行了认真的评审，提出了很好的问题。他们既对我的论文和答辩给予了高度的评价和热情的鼓励，也指出了需要进一步研究的问题和意见。

感谢我工作的单位湖南财政经济学院各级领导和同事给予我极大的关心和支持！

感谢丁小平老师帮我梳理了禅宗的思想源流与精神特质部分，我旁听他开设的“佛教心理学”研究生课程，我去听课，丁老师推荐了很多书籍及音频给我学习，给了我很多的启发。

感谢王玉龙师兄、谢立平师兄，给我文章内容的完善提出了很好的修改建议。

感谢尹华站教授和他的研究生们，在我论文的修改完善过程中，做了很多的辅助性的工作。

感谢我的先生及家人在精神上不断鼓励与支持我完成学业！

感谢湖南省财政厅对我的学术研究给予的经费支持！

感谢我的同学陈凯向我推荐了湖南师范大学出版社！

感谢湖南师大出版社孙雪姣编辑为本书的出版付出的辛勤劳动！

在此我谨向所有关心我帮助我的前辈和友人致以最诚挚的谢意！

禅宗心理健康教育意蕴与当代价值于国内学术界而言，是一个比较新的领域，写作过程中，我汲取了诸多学者关于传统文化与心理学的跨界研究成果，并通过大量的引用文献来说明问题，为了照顾到行文的流畅性，间接引用要多于直接引用，但无论是直接引用还是间接引用，我都注明了文献的来源，我要向所有这些文献的作者或译者深深致谢！但由于个人学识的局限，缺点与错误一定不少，希望读者批评指正，也希望在这个领域能够陆续看到新的研究著作问世。

唯愿此书能为心理健康教育领域的理论创新与实践探索贡献绵薄之力，亦期冀读者能在阅读中体悟“禅心”与“当下”的力量，寻得属于自己的心灵明镜。

黎钰林

2024 年 9 月于长沙